元谋干热河谷地区生态安全评价研究

欧朝蓉　孙永玉　朱清科　著

科学出版社
北京

内 容 简 介

本书以具有干热河谷典型自然环境特征的云南省元谋县为案例地，研究了8年来元谋干热河谷区土地利用和景观格局变化及原因；结合多元统计分析和地理空间统计学，分析了研究区植被覆盖度整体空间格局及特定地形剖面植被覆盖度特征，利用采样格网点植被覆盖度标准差和回归斜率研究了植被覆盖度的时间演变特征，以地理回归模型探索高程因素对植被覆盖度的影响及其变化；以土地利用数据分析了研究区生态系统服务静态价值及其变化，从支付能力、支付意愿和环境调节能力三个方面调整生态系统服务动态价值系数并分析了生态系统服务动态价值及其变化；构建景观生态安全评价模型，利用空间自相关和地统计学分析了景观生态安全性的时空特征；选取社会、经济和生态环境数据，基于DPSIR框架模型构建区域综合生态安全评价指标体系，构建熵权物元评价模型研究各评价指标及区域综合生态安全等级及形成原因，构建综合指数模型研究DPSIR分类指标的相互作用，利用时间预测法对区域综合生态安全趋势进行预测；构建区域综合生态安全障碍模型，研究影响生态安全的主要障碍因素及其作用机制，为元谋干热河谷区域生态风险防范及生态环境保护提供理论依据。

本书可供生态学、地理学、环境科学、地理信息科学等专业的本科生、研究生学习及从事相关专业的研究人员参考使用。

审图号：云S（2018）006号

图书在版编目(CIP)数据

元谋干热河谷地区生态安全评价研究 / 欧朝蓉，孙永玉，朱清科著. —北京：科学出版社，2018.4

ISBN 978-7-03-056970-7

Ⅰ. ①元… Ⅱ. ①欧… ②孙… ③朱… Ⅲ. ①河谷–生态安全–安全评价–研究–元谋县 Ⅳ. ①X321.274.4

中国版本图书馆 CIP 数据核字（2018）第 051578 号

责任编辑：张 展 刘 琳 / 责任校对：彭 映

封面设计：墨创文化 / 责任印制：余少力

科学出版社 出版

北京东黄城根北街16号

邮政编码：100717

http://www.sciencep.com

成都锦瑞印刷有限责任公司印刷

科学出版社发行 各地新华书店经销

*

2018年4月第 一 版 开本：787×1092 1/16

2018年4月第一次印刷 印张：7.75

字数：200 千字

定价：98.00 元

（如有印装质量问题，我社负责调换）

资 助 项 目

国家重点研发计划“金沙江干热河谷坝区生态综合治理及农业产业发展技术试验示范”(2017YFC0505102)

中国林科院中央级公益性科研院所基本科研业务费专项资金资助项目“长江经济带”生态保护技术集成与应用(CAFYBB2017ZA002)

林业科技创新平台运行补助项目“云南元谋干热河谷生态系统国家定位观测研究站运行补助”

“云南省自然生态监测网络监测项目”

序

干旱河谷是西南山地地质环境、地形地貌格局与气候变化综合演化作用的产物，一般分布于山地垂直带中海拔较低的江河河谷下段，其自然禀赋与西南区域背景迥异，因此是西南热带亚热带气候区的“飞地”，或者说是西南山区的 “生态特区”。这一“特区”的共性生态特征是降雨量小，季节性干旱突出，日照时间长，辐射强烈，气温日较差大，蒸发量大，土壤干旱贫瘠，自然植被以稀树灌丛草丛为主，季相明显，受水分制约而净生产力低，因而西南干旱河谷区生态环境先天性脆弱度高。长期以来，干旱河谷区一直是西南区域工程建设与社会经济发展关键地带，也是区域其它中高山区发展难以替代的走廊带，承受的人为扰动强度大，长期系统内外力的叠加复合驱动其成为我国生态退化最严重地带之一，生态安全形势严峻，生态问题严重制约着区域社会经济的持续发展。厘清干旱河谷生态格局变化，科学辨识生态安全格局发展演变态势，寻找生态安全的关键障碍因素与制约机制，构建生态安全屏障，有效促进干旱河谷区的社会经济环境持续发展与生态文明建设成为西南干旱河谷区这一生态特区的重大科技需求和发展的重点任务之一。元谋干热河谷区生态安全评价研究这一工作正是应对这一重大需求的一次有益尝试与探索性研究工作。

元谋是西南干旱河谷类型区中干热河谷坝区代表性突出的山地系统，人口密度较大，热区现代农业开发强度极大，社会经济发展速度快，人为干扰强烈，生态安全形势尖锐，生态安全问题具有典型和代表性。该著作从土地利用与景观格局、植被覆盖度、生态系统服务价值、景观生态安全格局等进行了动态变化评价和研究，构建了景观生态安全模型，评估了区域生态安全等级与成因，进行了生态安全趋势预测，构建区域综合生态安全障碍模型，探讨了元谋盆地生态安全主要障碍因素及其作用机制，为元谋干热河谷区域生态风险防范及生态环境保护提供理论依据，也为水资源与生态环境的承载力以及社会经济发展规模约束条件下干旱河谷区持续发展途径与策略研究提供了认识基础。该成果的系统性综合性特点明显。

区域生态安全评价是一项多学科交差的基础性研究工作，具有较大挑战性。元谋干热河谷生态安全评价在若干生态安全综合评价与预测模型的构建与合理应用上方面提供了新的案例，为区域生态安全评价提供了新的认识。这一初步性的尝试为类似区域的生态安全评价提供了有价值的参考，具有一定的学术价值。

（签名）

2018.04.24 于成都

前　言

随着社会发展进程的迅速推进，人类对生态环境的无序利用及对生态资源的过度索求使生态环境发生了巨变，各种生态环境问题以隐性和显性方式出现，前者以土地利用的变化、生态结构的破坏、物种生存面积缩小、生态系统的退化为主要方式，后者直接表现为空气污染、水土流失、荒漠化、泥石流等生态环境问题。人地矛盾的日益尖锐不仅影响了区域生态环境质量，使区域生态风险增大，而且制约了区域可持续发展能力。生态环境问题及生态安全已成为世界范围内所面临的共同问题，引起了各国政府及学界的高度关注。

干热河谷生态环境演变受自然因素和人为因素的双重作用。自然环境的演变是干热河谷生态环境变化的决定性因素，导致如今干热河谷自然生态环境脆弱。进入21世纪，经济和社会的发展进程显著加快，土地利用变化频繁，正向和负向的人为干扰多样化，且程度加深，幅度扩大，因此人为活动对生态环境的影响加深。复杂的人为活动对干热河谷脆弱的自然生态环境造成巨大的压力，区域生态安全面临更大的威胁，生态安全形势复杂。开展干热河谷生态安全评价量化研究有利于明确区域生态安全状况及其变化过程，探究其发展趋势，揭示影响地区生态安全的主要障碍因素及障碍形成机制，为干热河谷区域生态风险防范和生态环境保护提供理论依据。鉴于此，本书选取具有干热河谷典型环境特征的元谋干热河谷区(指元谋县全境)为案例地，系统地开展干热河谷地区生态安全评价量化研究，明确区域生态安全状况及其变化过程，探究其发展趋势，揭示影响区域生态安全的主要障碍因素及障碍形成机制，以期为干热河谷区域生态安全防范和生态安全调节提供理论依据，促进长江流域生态环境治理的开展和区域安全水平的提升。

本书完成过程中，特别感谢中国林业科学研究院资源昆虫研究所李昆研究员和中国科学院成都生物研究所包维楷研究员的支持。北京林业大学张岩教授、中国林业科学研究院资源信息研究所谭炳香研究员、国家林业局昆明勘察设计院赵磊磊副研究员、中国林业科学研究院亚热带林业研究所周本智研究员、中国科学院对地观测中心王钦军研究员、西南林业大学邓志华和杨小云副教授、楚雄州林业局覃忠义和元谋县林业局李从富等领导和朋友，对本书部分内容的完成和完善提出了有益的建议。

干热河谷地区生态安全研究处于起步阶段，很多问题值得进一步探索。由于作者水平有限，对书中出现的问题与不足，敬请同仁与读者批评指正。

著者

2018年1月

目　录

第一章 绪　论

第一节 干热河谷生态现状

随着社会发展进程的迅速推进，人类对生态环境的无序利用及对生态资源的过度索求使生态环境发生了巨变，各种生态环境问题以隐性和显性方式出现，前者以土地利用的变化、生态结构的破坏、物种生存面积缩小、生态系统的退化为主要方式，后者直接表现为空气污染、水土流失、荒漠化、泥石流等生态环境问题。人地矛盾的日益尖锐不仅影响了区域生态环境质量，还使区域生态风险增大，制约了区域可持续发展能力。生态环境问题及生态安全已成为世界范围内所面临的共同问题，引起了各国政府及学界的高度关注。

干热河谷是一种局地特殊的地理景观和气候类型，属于河谷型萨瓦那气候。气候炎热，降水稀少，水分蒸发比例失衡，以至于出现了类似荒漠景观的退化生态系统。我国的干热河谷总面积达到30000km^2，主要分布在于西南地区云南、贵州、四川境内大江大河的河谷之中，以金沙江、元江、怒江、南盘江等河谷地区为集中分布地区(赵俊臣，1992)。金沙江流域的云南部分，主要位于云南省西北部、北部和东北部边缘。该区域干热河谷地理及气候特征尤为明显。全年明显分为雨季和旱季，全年80%降水量集中于当年雨季，即夏秋两季中的5～10月。旱季集中于冬春两个季节，即11月至次年4月，此时段降水少。干热河谷气候既干燥又炎热，热量充足，水分蒸发比显著失衡(纪中华和黄兴奇，2007)。金沙江干热河谷区的生态环境复杂，生态脆弱性高，表现为：①特殊地形地貌引起的生态环境脆弱：金沙江干热河谷位于云贵高原与四川盆地交界处，既有地质环境不安全，又有生态环境的敏感性。由于处于板块交界的地震带上，地震频发常常造成土体崩塌，极易导致局部区域短时期内生态环境的巨变。山地垂直自然带面积小且变化快，生态环境破碎，生态系统结构复杂。严酷的气候和水热条件使植被生态质量差，对外界干扰的敏感性强，自我调节能力差，抗灾能力低。②土壤退化：干热河谷地区本应形成的地带性土壤——红壤，但由于水热条件差，只能发育燥红土以适应干热气候。严重的土壤侵蚀使土壤物理性状发生变化，燥红土又进一步退化成表蚀燥红土和砂燥红土等(张建平，2000)。土壤侵蚀造成土壤中细粒物质的大幅度流失，表层的土壤中粗颗粒物质(如砂砾石)比例明显上升。土层薄，多数土层的厚度不到30cm。土壤不能有效存储水分，最干旱的季节时土壤含水量不足6%。土壤空隙增大，易造成水土冲刷，极不利于土壤水分和肥力的保护，严重削弱了土壤的抗侵蚀能力，在较大程度上使土壤侵蚀的力度和范围扩大，进而形成恶性循环，这些问题的存在是干热河谷土地荒漠化的主要原因。因各种侵蚀作用，土壤中营养物质的进入远远低于其流失量，使土壤物质循环难以维持。③降水不均：由于降水过于集中于雨季，单次降雨量时间极短且雨量大，易形成暴雨，洪涝灾害频繁。强大的径流冲刷量大，极易在短时期内引发泥石流和崩塌等地质灾害。④植被条件差：气候干热使植被生态状况具有明显的特殊性，植被特征总体上与非洲半干旱稀树草原景观特征极为相似，视为“河谷型萨瓦纳植被”(savanna of valley type)类型，以成片草丛散生的稀树、稀灌类型为主，林地较少，植被覆盖状况差(李昆等，2011)。⑤水土流失严重：土壤贫瘠、保水性能差、土壤侵蚀剧烈加上集中降水冲刷导致干热河谷水土流失明显，例如在一些代表性的干热河谷区段，其土壤侵蚀模数值处于 1400～1500t / (km^2·a)，最高值甚至达 12000 t / (km^2·a)。分布在四川攀枝花的仁和区至云南元谋的“土林”景观是典型的流失侵蚀地貌类型，其形成的最直接的原因就是干热河谷区域极为强烈的水土流失(刘刚才等，2011)。

干热河谷是古人类文明的发源地，人类活动历史悠久。历史上的干热河谷也曾是森林密布之地，自然环境因素叠加频繁的人为干扰使干热河谷生态退化严重。人类活动对干热河谷生态环境的影响主要表现为：①人口压力大：由于地处大江大河河谷内，复杂的历史原因使干热河谷区人口分布较为密集，超过了其土地承载力。人口基数大，落后的生产方式大量消耗自然资源，破坏原本敏感的生态系统结构，导致生态系统功能进一步下降(张建平，1997)。②土地利用变化：干热河谷的土地利用变化是诸多生态环境问题的产生的根源。城市的扩张占用大量的平地平田，使优质耕地数量减少。为了满足农业生产对耕地的需求，不得不在生态敏感区的坡地开垦耕地。边坡开垦破坏了土壤物理结构，加大了水土流失风险。坡耕地灌溉设施不足，使土壤缺少足够的水分补给，农作物质量和产量均不高。干热河谷放牧历史悠久，以天然散户放牧为主，以天然草场为主要饲料源，缺少管理和维护，常造成草场退化。高强度的土地使用使土壤肥力不足，化肥和农药的长期使用引起耕地质量下降。土地利用结构的变化使干热河谷景观格局和景观异质性复杂化，也在较大程度上引起植被生态状况和生态服务价值的变化。③不合理的人为干扰：为满足生计和追求短期的经济利益而过度垦殖、放牧、伐木，使森林遭到大量砍伐和破坏，草场退化，植被生态环境退化现象十分严重(欧朝蓉等，2015)。金沙江下游河谷中，20 世纪 30～40 年代典型的干热河谷稀树灌丛灌草景观只在河谷相对高度 500m 范围内有分布，现谷底以上 800m 范围内均呈现出稀树灌丛灌草景观，在空间范围内朝山地上方拓展了 300 余米(陈利顶等，2001)。④生态调节活动的开展：为了实现干热河谷区域可持续发展目标，在经济社会发展的同时确保生态环境的调节，有必要采取适当的调节措施。1998 年后，天然林工程、退耕还林还草及植被恢复工程的实施，社会经济、技术及城市管理能力的提升，以及人类有目的的生态调控活动对干热河谷生态环境具有一定的调节效果。从人类活动的生态效应总体情况来看，负生态效应远大于正生态效应。

金沙江干热河谷所在区域处在长江上游干流，其生态质量不仅关系到本地区的区域生态安全，对整个长江流域的生态环境保护也有重要的意义。山高谷深及以传统农业为主的产业结构使干热河谷社会经济发展较为落后。云南金沙江流域的 47 个县市中，有 27 个县被国务院确定为贫困县。区域经济、社会的发展与脆弱的生态环境之间矛盾十分突出，严重影响了人们的生产和生活，同时对当地区域生态安全和可持续发展能力造成了严重的威胁(赵俊臣，1992)。

元谋干热河谷是金沙江干热河谷区的典型地段。元谋 80%的人口集中分布于 1350m 以下的干热河谷区，人口密集程度高(周红艺等，2008)。农业的迅速发展及城市的扩张使土地空间资源争夺激烈。在元谋干热河谷各种人为干扰中，土地利用覆被变化(land-use and land-cover change，LUCC）是最为直接且影响力最大的方式，它通过在短时期内迅速而直接地改变土地利用类型和土地利用强度使土地生态结构和生态环境发生变化。农业是元谋主要的产业，农业人口众多，农业人口素质低，对土地的依赖性极强。长久以来，以粮食作物为主的种植业是该县农业的支柱，以牛羊、猪饲养为主的畜牧业对农业贡献率也较大。20 世纪 50 年代以来，各种不合理的土地利用方式和人为干扰活动对生态环境造成极为严重的破坏，如开垦陡坡，对草场的无序利用，对森林的过度采伐，其结果是森林覆盖率急剧降低，水土流失、土地退化和土地荒漠化严重，各种旱涝灾害及泥石流发生频率显著提升。2008 年以来，元谋的社会经济发展进程明显加快，人为干扰加剧，土地利用变化快且幅度广，生态环境变化复杂化，区域生态风险加剧，对人类生产和生活造成了深远的影响，因此有必要对该区域生态安全进行科学评价。

开展干热河谷地区生态安全评价，分析干热河谷生态安全状态，揭示干热河谷生态安全变化趋势及影响因素，阐明生态安全障碍因素及其作用机制。研究成果可为国家掌握云南干热河谷区生态安全状况和生态安全发展趋势，实施区域生态调控措施，制订区域生态发展战略提供理论依据和科学指导。同时，也可为西南复杂山地环境研究和评估提供技术借鉴。

第二节　研究目的和意义

干热河谷生态环境演变受自然因素和人为因素的双重作用。历史时期自然环境的演变是干热河谷生态环境变化的决定性因素。进入 21 世纪，经济和社会的发展进程显著加快，土地利用变化频繁，正向和负向的人为干扰多样化，且程度加深，幅度扩大，因此人为活动对生态环境的影响加深。复杂的人为活动对干热河谷脆弱的自然生态环境造成巨大的压力，区域生态安全面临更大的威胁，生态安全形势复杂。现有干热河谷植被、水文、土壤、地质灾害等研究表明干热河谷存在生态安全风险，但缺乏对干热河谷综合生态安全有效量化评价，不能确定生态安全状况等级，无法揭示干热河谷生态安全状况、变化趋势及生态安全障碍形成机制，难以为区域生态环境的调控提供科学的指导意见和理论依据。

鉴于此，本书选取具有干热河谷典型环境特征的元谋干热河谷区（指元谋县全境）为案例地，系统地开展干热河谷地区生态安全评价量化研究，明确区域生态安全状况及其变化过程，探究其发展趋势，揭示影响区域生态安全的主要障碍因素及障碍形成机制，以期为干热河谷区域生态安全防范和生态安全调节提供理论依据，促进长江流域生态环境治理的开展和区域安全水平的提升。

第三节　国内外生态安全评价现状

一、土地利用／覆被变化（LUCC）

在陆地生态系统土地变化中，土地利用／覆被变化（LUCC）是最直接和最明显的变化形式，对陆地生态系统的影响也是最深远的（谢花林，2008；Geist et al.，2002）。早期土地利用/土地覆被研究主要内容是调查和分析土地利用类型及其质量和空间分布状况，为区域土地配置提供参考意见。受制于当时调查手段和技术平台，以人工实地调研为主，并结合历史统计资料、地形图、土地利用现状图、土壤图等辅助资料，人工勾勒图斑获取土地利用数据等基本信息。随着人类对自然环境的改造能力空前提升，人类对土地利用程度增大及幅度也逐渐扩大，土地利用/覆被变化受到了广泛的关注(Ou et al.，2013)。1995 年，《土地利用/土地覆盖变化科学研究计划》的提出使土地利用 / 覆被变化(LUCC)成为区域发展研究的重点内容，以图形和数据的方式定量描述土地利用/土地覆被结构、程度和过程成为土地利用研究的基础和中心内容。

20 世纪 90 年代以来，地理信息系统(Geographical Information System，GIS)和遥感技术(Remote Sensing，RS)发展迅速，成为土地利用/覆被变化主要研究方法和基础技术平台，使该领域研究能够深入到从时空演化角度去探讨各种土地利用类型分布的特点、结构变化和强度特征等，提出了能反映土地利用数量和质量变化的多种指数以量化土地利用的程度和幅度。但是土地利用/覆被变化基础内容上仅停留在单纯的土地自身结构的变化，无法揭示时空演化关键机制及与生态环境的关系等问题。随着地理空间分析方法不断发展，3S 技术结合多元统计方法的深入应用为解决此类问题提供了思路和方法，使土地利用/覆被变化(LUCC)研究逐步扩展到驱动因子、土地利用格局动态模拟、时空异质性、生态效应等领域，为土地利用机理研究提供更多的研究视角和案例支撑。

邱炳文等(2007)以经典回归模型和空间自回归模型研究了多个尺度下的地形、可达性、社会、水资源等多种因素对不同土地利用类型的驱动作用，研究表明在人类因素的作用下，土地利用类型的空间自相关性受研究尺度的影响明显。邵一希等(2010) 以全局 Logistic 回归模型和地理加权 Logistic 回归模型研究了高度、坡向、坡度和人口密度对常州市孟河镇的农田、林地、水域、建设用地和未利用地的驱动作用，研究表明土地利用类型和驱动因子具有空间自相关性和空间结构的不稳定性，地理加权回归(Geographically Weighted Regression，GWR)模型研究结果更具可信度。Chen 等(2011)以广州市花都区为例，比较了经典线性回归模型、空间滞后模型和空间误差模型等回归模型对可达性、土壤、水资源、地形、社会经济等因素在土地利用中的驱动作用，并通过对模型的解释力的比较发现不同模型在解释空间格局、消除空间自相关性及尺度依赖性方面各有其优势。薛剑等(2012)分析了黑龙江省富锦市现代农业区和传统农业区的不同土地利用类型的分布特征，并利用多种景观格局指数分析了两种农业区土地利用景观格局的差异性，得出了土地经营管理制度的差异性是造成两种农业区土地利用格局不同的关键因素等结论。刘欢等(2012)以土地利用强度综合指数构建综合评价模型，通过半方差函数研究了银川平原土地利用强度空间异质性特征，认为地学信息图谱有助于分析土地利用强度与社会经济的关系。谷建立等(2012)研究了谷城县不同土地利用类型的空间自相关性，并分析了海拔、坡度、地表粗糙度等地形因素与土地利用聚集或异常特征关系，结果表明土地利用空间自相关格局受研究的空间尺度及社会经济等多因素影响。杨勇等(2013)利用空间自回归模型研究了社会、经济、人口、自然因素对关中地区主要土地类型的作用力，结论是空间滞后模型在解释土地利用类型的空间分布上的能力更强。袁满等(2014)以多智能体遗传算法为理论支撑构建了一种用于武汉蔡甸区的土地利用优化配置模型，结果表明该种模型有利于提高土地优化配置的效率。曹琦等(2014)分析了张掖市甘州区土地利用结构和土地利用程度的变化，通过灰色关联分析了技术、文化、贫富程度、政策、人口对不同土地利用类型的影响。徐小明等(2016)研究了晋北地区 14 年间的土地利用变化，并以典范对应分析(Canonical Correspondence Analysis，CCA)方法分析了不同历史时期土地利用的关键驱动因子，认为不同阶段自然因素和人为因素的作用有较大差异。尽管土地利用 / 覆被变化研究在研究方法和研究内容上取得了丰富的成果，但在土地利用决策行为、政策对土地利用影响、土地利用的生态环境影响长期监测等方面仍然存在不足，土地利用模拟没能解决影响机制和模型方法等关键问题使准确性不高，这些问题亟待解决。

干热河谷土地利用研究始于 21 世纪初，研究集中于土地利用结构变化、土地利用与土壤侵蚀、土地利用驱动机制及土地利用与土地生态安全。如刘纪根等(2007)基于 GIS 基本统计功能研究了元谋某一图幅内土地利用类型结构、土地利用转移与土地利用格局特征，研究表明人为干扰使元谋土地利用格局复杂化。杨子生等(2004)分析了宾川干热河谷土地利用变化，进而探讨了土地利用对土壤侵蚀及环境要素的影响，并基于马尔科夫模型对土地利用趋势进行预测，认为土地利用变化是土壤侵蚀和环境变化的主要原因。贺一梅等(2004)研究了宾川县 2000 年土地利用结构和各种土地利用类型的水土流失状况，提出了土地生态安全系统的构建原则和方法。周红艺等(2008)利用多种土地利用指标研究了元谋土地利用/土地覆被结构变化规律，并分析了人为活动对干热河谷土地利用的驱动作用。现有的干热河谷在研究方法上停留在简单的 GIS 空间统计，研究内容侧重于土地利用结构，或者仅分析土地利用与某一生态环境问题的关系，使土地利用与区域生态安全的关系研究较为单一，因此难以从综合层面上阐明土地利用变化对区域生态安全的关键影响及作用机制，无法为合理地实施土地政策提供科学的依据。因此需要在方法上予以创新，结合地理空间分析方法、多元统计方法、模型方法开展量化研究，结合景观生态学、恢复生态学、生态安全评价研究拓展干热河谷土地利用在景观生态、驱动因素和动态预测模型等研究领域。

二、景观格局研究

景观格局通常意义上是指景观的空间格局，其特征可以通过景观格局指数从斑块水平、类型水平以及景观水平定量地进行描述(陈利顶等，2008)。最初的景观格局分析为种群分布格局的研究，之后景观格局分析模型逐步扩展到地统计学分析、波谱分析、趋势面分析和分形分析等，这些方法为景观格局分析提供了有效而直观的数学工具(Gardner et al.，1987；O' Neill et al.，1988；O' Neill et al.，1996；Qi et al.，1996；常学礼等，1996；肖笃宁等，2003；Deng et al.，2009)。景观动态模型基于景观各要素类型所占面积的变化模拟景观格局的动态发展，从景观要素的变化、景观功能、生物量与生产力的变化等探讨景观变化方向。常见的模型有 Markov 模型(付春雷等，2009)、元胞自动机模型(CA)和 CA-Markov 模型等(邬建国，2000)。景观格局早期的研究侧重于土地利用变化引起的景观格局指数的变化，利用景观模型分析景观格局(Wallin et al.，1994；O' Neill et al.，2001；Zhang et al.，2004)，后期的研究更关注景观的干扰因素、景观尺度、景观时空分异格局、景观安全格局，景观格局研究更加关注人类活动与景观格局的关系(Zhou et al., 2015; Cao et al., 2015; Smiraglia et al., 2015; Hao et al., 2016; Sun et al., 2016; Fang et al., 2016;)。

马克明等(2000)选择景观格局指数从斑块类型水平和景观水平等方面研究了北京东灵山景观格局特征，认为东灵山景观格局破碎化程度有所加深。角媛梅等(2003)选取景观格局指数研究了荒漠景观中的绿洲景观格局，发现地理位置和社会历史差异性导致四个区域的景观格局不同。冯永玖等(2013)基于双对数线性回归方法研究了上海市景观破碎化的粒度分形特征，研究表明分形方法较 Fragstats 中的景观格局指数更适合描述景观破碎化特征。田锡文等(2014)研究了凯拉库姆库区土地利用结构、土地利用动态和土地利用综合状态，并选取不同水平的景观格局指数分析了景观异质性和破碎化状况，认为人为干扰使景观格局破碎化程度加深。田锋等(2014)选取景观稳定度及景观异质性等景观格局指数综合分析了信丰县崇墩沟小流域的土地利用景观格局变化。杨国靖等(2004)研究了祁连山西水自然保护站的森林景观组分的空间分布及景观结构特征，结果表明各种景观类型分布不均匀。杨叶涛等(2014)采用面向对象分割方法设计了一种混合景观格局模型并与其他模型进行比较，发现该方法能更好地提取景观格局信息。谢家丽等(2012)研究了若尔盖草原的景观组分结构和景观格局特征，结果表明研究区生态环境从之前的恶化转向恢复。黄木易等(2012)应用典范对应分析(CCA)研究了杭州景观格局的驱动力，研究表明景观优势度下降，经济、交通因素、房产收入等因素是景观格局演变的主要驱动因素。荣子容等(2012)以二元 Logistic 回归模型研究了辽河口湿地不同景观类型的空间和社会经济驱动因素及其作用力，研究表明不同景观类型的驱动力因素存在较大差别。游巍斌等(2014)在识别武夷山主要关键生态过程的基础上构建了景观安全格局，研究表明旅游干扰对景区景观格局的影响较大。近些年来景观格局研究在静态指数和干扰因素等方面取得了较多的成果，但是动态指数的研究较少，景观格局—生态过程的研究仍没有取得实质上的突破，需要深入研究。

干热河谷的景观格局研究常与土地利用研究相结合，例如李苗裔等(2012)研究得荣干热河谷土地及景观格局，通过景观格局指数辨析了景观异质性的变化，研究表明人为干扰的变化使景观格局破碎化程度先升高后下降。黎巍等(2009)选取斑块数、分离度、破碎度对龙川江景观格局特征及其变化进行了研究，并分析了社会、经济、工业、农业活动对景观破碎化的作用。胡检丽等(2013)选取多个景观格局指数研究了龙川江小黄瓜园站集水区各种景观类型特征的变化，探讨了地形地貌及人为活动对景观格局的作用。目前干热河谷景观格局研究仅停留在景观格局特征及驱动力因素定性研究层面，不足以揭示景观格局的尺度性及明确驱动力因素作用力的大小，不能从根本上揭示土地利用对景观生态过程的影响，应结合数学分析方法及 GIS 空间模型扩展景观格局尺度、景观动态、景观生态安全等方面领域研究，进一步辨明干热河谷景观格局与生态过程的相互作用及作用机理。

三、生态系统服务价值

生态资源含有多种生态服务功能，维持生态资源的数量和质量及区域内的生态系统服务功能具有极其重要的意义(尹锴等，2014)。生态系统服务的概念最早出现于 20 世纪 60

年代，随着全球范围内生态问题的产生和扩大，生态环境状态对人们生活质量及区域发展的影响愈发明显，生态服务价值逐渐受到重视(King，1966；Willis et al.，1966)，生态系统服务功能研究较为广泛地开展起来。大量的理论和实践研究使生态系统服务的概念、分类和评价方法研究日益成熟(Mcneely et al.，1990；Daily，1997；Costanza et al.，1997；Pearce，1995；Wilson et al.，1999；Costanza et al.，2002）。Costanza 等(1997)提出将生态系统服务分为 17 类可再生的服务，以货币量化形式化评估了生态系统服务功能，奠定了此领域研究的基础。

生态系统服务价值理论和方法被国内学者认知并开展了大量的相关研究。国内外学者从地理尺度、单个生态系统、物种和生物多样性等方面开展了生态系统服务价值等多角度研究(Mcneely et al.，1990；De Groot et al.，2002；Turner et al.，2002；Sutton et al.，2002；Potschin et al.，2011)，夯实了生态系统服务及其价值评估的理论基础，同时推动了研究方法的创新(Lal，2003；Chee，2004；Kroeger et al.，2007；Jenkins et al.，2010；Redford et al.，2009；Mendozagonzález et al.，2012)。

土地利用类型是生态系统类型在土地利用中的表现形式(李进鹏等，2010)。土地利用变化的影响在多个层面上，最明显的是对景观组分和空间配置结构的作用，在生态系统层面上通过景观类型、斑块形状及生态要素空间分布影响了生态系统物质循环，最终使区域生态功能产生相应的变化(Boumans et al.，2012；Sandhu et al.，2008；Grêtregamey et al.，2008；Gardiner et al.，2013；Johnston et al.，2011)。国内土地利用/土地覆被变化迅速且影响深远，因此从土地利用/土地覆被视角研究生态系统服务价值成为国内主要的研究途径(Jim et al.，2008)。谢高地等(2003)提出了“中国陆地生态系统服务价值当量因子表”，由于其结合了中国的实际情况受到广泛的认可，其后国内研究多以此为参考依据(Tong et al.，2007；Li et al.，2010；陈美球等，2013)。然而其研究成果是以全国范围内平均水平为基础，且土地利用类型划分种类较少，在评价不同地理环境区域的具体生态系统生态功能时又具有较大的局限性。

一些学者基于本区域的生态环境特征及具体研究对象提出了特定类型的当量因子的调整方案。赖瑾瑾等(2008)利用专家咨询法结合景观格局指数修正了生态系统服务价值系数，并基于此方法研究了各种土地利用类型生态系统服务价值及区域总服务价值的变化，结果表明湿地面积减少极大地降低了区域生态系统服务价值；唐秀美等(2015)提出了基于生态区位系数的生态系统服务价值的修正方法，并基于此方法研究了北京市生态系统服务价值的变化状况，结果表明由于土地利用结构变化方向有差异，各区位的生态系统服务不尽相同；李晓赛等(2015)基于功能性和经济性两个方面对青龙县生态系统服务价值系数进行动态调整，继而研究了区域及土地利用类型生态服务价值的变化，研究表明区域总服务价值上升，而土地利用类型生态系统服务价值不稳定上升；粟晓玲等(2006)等认为生态服务价值具有动态性，提出了基于支付意愿、恩格尔系数和资源紧缺度的生态系统服务价值动态估算方法。在实践研究方面，诸多学者开展了对区域生态服务功能(邓舒洪，2012)、流域生态服务价值(肖玉等，2003)、自然保护区(李偲等，2011)及单一景观类型的生态系统服务价值(杜自强等，2006；岳东霞等，2011)的研究。结合研究区特征及研究主题，利用动态模型修正当量因子已经成为生态系统服务价值研究的主要发展方向。唐秀美等

(2010)基于耕地质量和耕地等级调整了耕地生态系统服务价值，以此测算了北京市高标准基本建设农田的生态服务价值，研究结果表明高标准建设农田有助于提升区域生态服务价值。张雅昕等(2016)利用 Meta 回归方法用于评估京津冀地区耕地、林地等基本土地利用类型的生态系统服务价值、变化状况及影响因素，结果表明人口因素和经济因素是关键因素。虽然生态系统服务价值研究在理论和方法上取得较为明显的进展，但是仍有许多的尚待探索的问题。目前尚无有效的生态系统服务价值时空动态模型研究，对驱动力机制分析鲜少关注，个案研究只能应用于极有限区域，难以推广到其他区域的生态系统服务价值研究中，对生态系统服务价值缺失的市场补偿机制研究也不足，因此该领域研究仍待深入探索(张振明等，2011)。

干热河谷的生态系统服务价值研究较少，仅有周红艺等(2008)研究元谋干热河谷1986年和2000年两个时段的生态系统服务静态价值，并分析了敏感性系数的变化。该研究侧重于生态系统服务静态价值，更多地强调土地利用自然价值，无法从人类社会调节能力及环境抗干扰能力角度揭示生态服务价值的动态性，需要进一步深入研究生态系统服务价值系数方法，更好地解释土地利用类型和区域生态系统服务价值的变化原因及对区域生态环境的影响。

四、植被覆盖度

植被作为陆地生态系统的主要组分，是陆地物质循环、能量交换最重要的纽带，对生物、气候、水文生态过程均具有重要的作用，是全球生态系统变化指示器(Parmesan et al.，2003)。植被覆盖度能够表征地球表面的植被生态状况，进而反映生态环境的变化状况，是全球气候数值模拟、土壤侵蚀预报重要的生态参数和基础数据。张云霞等(2003)认为植被覆盖度是地表植被蒸腾作用测量的重要因子，同时也是控制土壤水分蒸发和光合作用最重要的因子。

植被覆盖度演化与人类活动密切。唐婷等(2012)以归一化植被(normalized differential vegetation index，NDVI)指数为植被覆盖度研究了江苏省20县市区域植被覆盖度，并分析了植被覆盖与水土流失量关系，发现了降水、地形、人为因素引起的植被覆盖度变化是水土流失加剧的重要原因；穆少杰等(2012)研究了内蒙古地区植被覆盖度的时空异质性，并分析了降水、气温对植被覆盖度的影响，结果表明除自然因素外，人类活动对植被覆盖度变化的影响增大；张世文等(2016)分析了胜利煤田植被覆盖度空间异质性，探讨了主要驱动因素的作用机制，研究表明人类活动打破了原有植被覆盖度的时空格局。何慧娟等(2016)利用 OLS 和线性回归方程量化 NDVI 指数和湿润指数关系，发现人为因素对陕北和关中地区植被覆盖度变化影响较大。传统的植被覆盖度测量和估算在时间成本和人力成本上花费较大，且难以获取连续数据。由于遥感影像能及时提供多源序列植被覆盖信息，已成为植被覆盖度研究的基础数据源。以像元分解法和植被指数法为代表的遥感方法在较大程度上解决了植被覆盖度的估算问题，因而得到广泛的应用（胡玉福等，2014；张喜旺等，2015）。但是现有植被覆盖度计算方法在分类精度上都存在着不足，因此通过数学方法或者影像融合法提高植被覆盖度计算的可靠性已成为新的研究方向。崔天翔等(2013)基于线性光谱混合模型(linear spectral mixture model，LSMM)改进了植被覆盖度估算方法，张喜旺等(2015)提出了基于中高分辨率影像的植被覆盖度的时相变换方法，杨强等(2015)运用时间序列谐波法对增强型植被指数(enhanced vegetation index，EVI)进行了改进。

干热河谷的植被覆盖度研究多停留在植被指数的研究上。刘祖涵等(2010)提取了三种植被指数研究各种植被指数在海拔、坡度、坡向的空间分布特征，研究表明自然地理因素是植被覆盖度的决定因素，人为因素对植被覆盖度作用影响增强。周旭等(2010)研究了元谋不同海拔、坡度和坡向的NDVI指数变化，分析了不同地形条件下植被覆盖度的变化。虽然植被指数能够在一定程度上揭示植被覆盖度的状况，但植被指数并不等同于植被覆盖度，不能有效辨明植被与其他生态环境要素的关系。应开展干热植被覆盖度的估算与时空异质性研究，以有效揭示植被与生态环境的关系。

五、生态安全评价

1989 年国际应用系统分析研究所(IASA)首次提出了生态安全这一概念(Rogers，1999；方创琳等，2001)。广义上的生态安全是指从环境、生态保护、外交及军事角度为人类提供完善的生存安全，狭义的生态安全是指生态系统完整性和生态质量层面的健康水平，更多地衡量区域生态环境可持续性。生态安全评价是对生态安全的状态评价和趋势研究(陈星等，2005)。由于生态安全评价有利于人们对生态环境的诊断和调节，受到了广泛的关注。

国外生态安全评价研究主要集中在生态(环境)风险与生态(环境)安全(Dyson，1997；FAO，1997；Solovjova，1999；De Lange et al.，2010；Hadian and Madani，2015；Aretano et al.，2015；Barral et al.，2015；Čuček et al.，2015)、水生态安全(Fischhendler，2015；Kumar et al.，2015)、农业生态系统健康与生态(环境)安全的影响等方面(Beesley et al.，2009；Rasul et al.，2003；Felipelucia et al.，2014；Hermann et al.，2014)。国内生态安全评价主要关注生态系统生态安全、水生态安全、土地类型生态安全和区域生态安全(Jiang，2015；Cen et al.，2015；Cheng et al.，2015；Yao et al.，2016)，主要研究主要包括景观层面和综合层面。

景观生态安全主要是基于景观尺度开展研究。景观组分能够较好地反映区域生态结构，且景观在尺度转换上具有优势，因此从景观尺度研究生态安全有利于从结构和不同尺度间把握区域生态安全特征(Yu，1996，1999；Mo et al.，2016)。景观生态安全研究重点在于构建景观生态安全模型分析景观生态安全度的时空变化(李月臣，2008；王千等，2012；于蓉蓉等，2012；巩杰等，2014；Zhao et al.，2015；Xiang et al.，2015)。景观格局指数是景观生态安全度模型的重要参数。郭泺等(2008)选取多样性指数、分维数、斑块面积等景观格局指数构建了泰山景观安全模型，并研究了景观类型的生态安全度，认为泰山景观具有一定的复合稳定性。高杨等(2010)选取聚集度、景观破碎度等景观格局指数构建景观生态安全模型，基于投影寻踪方法分析了区域景观生态安全状况，研究表明人为干扰是景观生态安全风险的主要来源。于潇等(2016)以景观格局指数、生态服务价值、植被覆盖度为参数构建现代农业区景观生态安全评价模型，分析了友谊农场的景观生态安全度时空特征，研究表明农业开发活动的性质对景观生态安全有重要影响。虞继进等(2013)基于 PSR 理论框架选用景观格局经济、社会指标、社会指标构建景观生态安全评价体系，评估了福建省龙岩市的景观生态安全状况，研究表明基于 PSR 的多指标评价体系有助于量化研究区域景观生态安全状态。Zhang 等(2016)等基于选择系统—权重—标准化—标准—计算模型对内陆湖盆的生态安全性进行了评价。

综合层面的研究多基于不同的研究主题，如区域生态安全、土地生态安全、耕地生态安全、水生态安全等综合评价，多采集相关研究数据建立生态安全评价理论框架模型，利用数学方法开展生态安全评价及时空变化研究。目前主要的理论框架模型包括环境评价(pressure state response，PSR)和“驱动力—压力—状态—影响—响应”(driving forces pressure state impact response DPSIR)模型。由于生态安全具有模糊性和不确定性，定量实现生态安全评价通常需要相应的评价标准。指标阈值的确定是定量评价的基础，阈值大多参照国内外制定的生态评级标准值，或者取特定区域指标平均值，评价指标多采集社会、经济统计指标和生态环境指标，评价模型以数理模型为主，包括灰色关联模型(张金萍等，2006)、属性识别模型(吴开亚等，2007)、物元模型(罗文斌等，2008)、正态云模型(张杨等，2103)等。张凤太等(2008)基于 PSR 模型构建了区域生态安全评价指标体系，利用熵权—灰色关联方法评估了重庆市生态安全等级；张军以等(2011)基于 PSR 框架模型选取环境、人口、资源、经济、政策等多类型指标构建了三峡库区生态安全评价指标体系，以综合指数法研究了库区生态安全状态的变化；张杨等(2013)利用正态云模型定量测度了湖北省区域土地资源生态安全状况；刘小波等(2016) 界定了耕地生态安全内涵，建立了基于 PSR 模型的评价指标体系，进而以改进的 SPA 法对四川省乐山市耕地生态安全进行了评价。

传统的研究侧重于单一模型的应用，现有研究将景观格局作为综合生态安全评价的一个层面，结合 GIS 空间分析方法和数理模型，从生态结构、功能及生态质量多层面开展研究。虽然国内外在生态安全的指标体系和研究方法上开展了大量实践研究，但是区域生态安全形成机理研究尚未有效开展，部分学者试图从生态安全障碍因素探讨各种影响因素的作用力和作用方式，但各种因素之间的相互作用及作用机理并未澄清，此方面研究亟待加强。

干热河谷生态安全量化评价研究尚处于空白阶段，虽有学者开展了干热河谷生态环境、植被生理、水土保持、土地利用及景观格局等多方面研究，这些研究多从某一方面定性地揭示了干热河谷自然生态环境脆弱性及人为干扰造成的生态风险，但是至今没有开展过干热河谷生态安全评价量化系统研究，无法阐明干热河谷生态安全主要障碍因素和作用机制，因此干热河谷生态安全量化评价亟待开展。

第二章　元谋干热河谷生态安全评价研究内容

第一节　研究区概况

一、研究区地理位置

本研究的研究区为元谋干热河谷区(含元谋县全境)，位于云南省中北部，处于金沙江一级支流龙川江的中下游地区，行政上隶属于楚雄彝族自治州(图 2-1)。地理位置介于 101°35′～102°06′E，25°23′～26°06′N，国土面积 2021.69 km^2。元谋东部与武定县接壤，其南部与禄丰县接邻，西部则与大姚县毗邻，北部与四川省的会理县相连，西南部和西北部分别与牟定县和永仁县相毗邻(元谋县志编纂委员会，1993)。县政府驻地在元马镇。

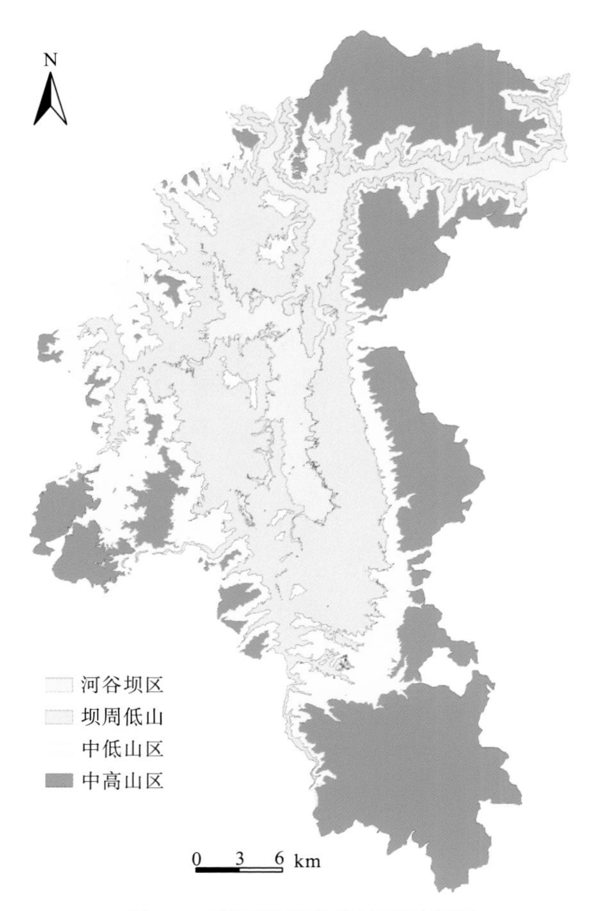

图 2-1　研究区区位及地形示意图

二、地形和地貌

研究区属高山峡谷地形。元谋县境之山分属三台山、白草岭、鲁南山三个山系。三台山余脉自南而北，白草岭余脉由西北走东南，鲁南山余脉由北向南转东。元谋盆地东西宽约 40km，南北长约 77km。其地势自南向北向金沙江倾斜，东南高、西北低，东部山区坡度陡，西部山区坡度缓，东西山区均向海拔较低的龙川江河谷下降倾斜，遂形成一个四周高、中间低的地貌。山地面积占总面积的 84.58%，而河谷盆地、平坝、台地、山原面积占总面积的 15.42%。元谋境内最高海拔为 2835m 的大营盘山，最低海拔为 899m 的江边黑者村。全县境内海拔高低差为 1860m，区内发育有多种地貌类型，不仅有高低悬殊的山地和相对高差较小的丘陵，也有深切的河谷、盆地、阶地等多种地貌类型。地貌的垂直分析较为显著，从河谷到山顶可分为 4 个垂直带：海拔 900～1100 m 为河谷坝区，1100～1350 m 为坝周低山区，1350～1600 m 为中低山区，1600～2835 m 为中高山（元谋县志编纂委员会，1993）。

三、研究区气候概况

元谋的气候主要受西南季风和大陆性气流的影响。夏半年中，元谋西部和西南部的高黎贡山、怒山、云岭等山脉对来自印度洋北部孟加拉湾的西南暖湿气流有极大的阻隔作用。虽然当西南暖湿气流到达元谋时水分已经消散了大部分，但是仍然是元谋雨季的主要水分来源。冬半年，主要水分来源于来自伊朗等地的干燥大陆性气流，这股气流水分更少（欧晓昆，1987）。西南季风和大陆性气流的两支气流的交替是元谋干湿季节性转换的主要原因。由于水、汽来源不足，又身处大陆腹地，四周高、中间低的相对高差较大的盆地地貌又较为封闭，河谷及坝周低山区受地形影响导致焚风效应十分明显，水分蒸发比极为失衡，造成气候异常干燥。地形影响的另一层面是盆地周围的大、小凉山较大程度上抵挡了外来冷空气的入侵，使元谋很少受到冷空气的影响，气温较同纬度其他区域明显偏高。从 899m 过渡至 2835m，地形高低悬殊使元谋形成了典型的河谷深切地貌，垂直地带性气候发育较为明显。从河谷向山顶依次过渡了多个气候垂直自然带，即河谷南亚热带—山地中亚热带—山地北亚热带—山地暖温带—中温带等垂直气候带。

研究区热量资源极为丰富。据元谋县气象站（海拔 1100m）资料统计，≥10℃的积温 7996℃，全年无霜期为 350～365 天。年均温 21.9℃，最热月是在每年的 5 月，其月平均温度达到了 27.1℃，极端气温为 43℃；最冷月为每年的 12 月，其月平均温度为 14.9℃。水分蒸发比例失衡，年降水量仅为 623.95 mm，年蒸发量却达到 3507.2 mm。干、湿季节降水极为不平衡，雨季降水量占全年 90%，旱季降雨量仅为全年的 10%。由于气温高，水分极易蒸发，相对湿度只有 60%，因此形成典型的干热气候。元谋光能资源丰富，全年日照时数为 2550～2744h，为农业生产提供了良好的热量和光能条件（元谋县志编纂委员会，1993）。

四、土壤条件

元谋县土壤共分 9 个土类，14 个亚类，25 个土属，51 个土种。在 9 个土类中，自然土壤占总面积的 85%，农业土壤占 15%。坝区土壤主要是冲积或堆积而成，农田以水稻土为主，有机质丰富，土壤肥沃。区内地带性土壤为燥红土和红壤，土层薄且分层不明显，土壤风化度较低，砾石含量较高，有机质含量少，pH 多为 7 左右，显中性，土壤保水性较差。燥红壤分布在海拔 1300 m 以下；红壤分布 1300～2200 m；非地带性土壤为紫色土（分布在 900～2400 m）、黄棕壤（分布在 2200～2600 m）、棕壤（2600 m 以上）和水稻土。坝区附近山坡以燥红壤为主，由于长期的雨水冲刷，土壤流失，当地常有奇特的“土林”景观发育（元谋县志编纂委员会，1993）。

五、植被概况

元谋干热河谷植被系属河谷型萨瓦纳植被（savanna of valley type），与非洲的稀树草原近似，是我国珍稀濒危的植被类型之一。金振洲等（1987）研究表明，元谋干热河谷的自然植被以稀树灌草丛为主，杂以灌木，也有极少数乔木，可以称为半自然稀树草原（semi-natural savanna）。本地群落中较常见的草本植物主要有扭黄茅（*Heteropogon contortus*）、孔颖草（*Botlhriochloa pertusa*）、龙须草（*Eulaliopsis binata*）、橘草（*Cymbopogon goeringii*）等。多年生禾草多灌木以明油子（*Dodonaea viscosu*）为主，还有荆条（*Vitex negundo*）、余甘子（*Phyllanthus emblica*）等，乔木有山合欢（*Albizia kalkora*）、滇榄仁（*Terrninalia franchetii*）等。在 1600m 以上的中高山有少量森林植被分布，主要有云南松（*Pinus yunnanensis*）和小面积的高山栲（*Castanopsis delavayi*）分布（元谋县志编纂委员会，1993）。

六、水文状况

元谋境内河流属于金沙江流域，主要河流有金沙江及金沙江一级支流龙川江。金沙江自境内西北处进入县域一直向东蜿蜒，在元谋东北部出境，其干流在元谋境内的长度约为 46.5km。金沙江的主要支流之一的龙川江从西南方向进入元谋县后一直向北流，直至在江边乡处汇入金沙江干流。龙川江在元谋内的总长度达到 63km。元谋境内有常流河 17 条，季节河 40 条，年过境水量 16.02 亿 m^3。尽管元谋境内有多条河流，盆地地下水资源储量也较为丰富，但是水域空间分布极不平衡。可利用水主要分布在河谷坝区，而在坝周低山区水资源极少，其他区域有零星水库分布，与耕地资源空间分布极不匹配，成为制约农业生产的主要限制性条件，也是人口和村镇分布主要的影响因素（元谋县志编纂委员会，1993）。

七、社会经济状况

由于地处大江大河腹地，元谋经济社会发展基础薄弱。经济以农业经济为主，是云南省和全国著名的冬春蔬菜生产基地之一。近年来，依托丰富的矿产资源，元谋工业以年均

32.5%的速度迅速增长。工业以原矿加工为主，新能源产业也有发展。2014 年全县地区生产总值 393278 万元，按常住人口计算的人均地区生产总值为 31556 元，为当年全国人均 GDP 平均水平的 70.9%，略高于全省平均水平，但与全国平均水平仍有一定差距。元谋人口基数大，2014 年末常住人口达到 21.9 万人，人口出生率 11.48‰，死亡率 6.99‰，人口自然增长率达到 4.49‰。农业人口是元谋主要人口类型，占总人口数的 72.9%。元谋以汉族为主，有汉族、彝族、傈僳族、苗族、回族、傣族等 20 多个民族，少数民族众多，少数民族人口占总人口的 39.9%(元谋县统计局，2015)，因此民族文化资源资源非常丰富，为旅游业的发展提供了有利条件。元谋县历史文化悠久，是古人类文明的发源地，拥有著名的“元谋人”遗址，古生物、古化石资源丰富，另有著名的土林景观和金沙江水域景观，因此旅游资源较为丰富。元谋的城镇化率较低，2014 年城镇化水平(城镇化率)为 29.6%，与云南省平均水平(42%)有一定差距。

综上所述，元谋地形地貌特征明显，从河谷到中高山区垂直气候特征发育。海拔 1350 m 以下干热河谷气候特征尤为明显，具有典型的干热河谷自然环境特征，土壤退化，植被群落结构单一，植被覆盖度低。元谋不仅生态环境脆弱，而且社会经济发展落后，经济和社会的发展对区域生态安全产生较大的影响，元谋的生态安全形势较好地反映了目前干热河谷地带的生态安全状况，因此本研究选取元谋县为案例地开展干热河谷生态安全评价研究。

第二节 干热河谷生态安全评价的研究目标

本书以元谋县为案例研究地，通过 3S 技术、多元统计方法、数理模型、景观生态学等理论和方法研究 2008～2016 年元谋干热河谷土地利用及景观格局变化，分析植被覆盖度的时空异质性及生态系统服务价值变化，继而构建景观生态安全模型，探索干热河谷景观生态安全时空变化特征，构建综合生态安全评价模型定量评估区域综合生态安全状态，构建综合生态安全障碍模型揭示综合生态安全的主要障碍因素及作用机制，为干热河谷生态风险防范及区域可持续发展提供科学依据。具体研究内容为：

(1) 分析干热河谷土地利用及景观格局特征及变化原因；

(2) 研究干热河谷植被覆盖度时空异质性，探究高程因素对植被覆盖度的影响；

(3) 研究干热河谷生态系统服务静态价值和动态价值的变化，阐明变化原因；

(4) 以景观格局指数、植被覆盖度、生态系统服务价值为参数构建景观生态安全模型，研究景观生态安全的时空变化特征及机制；

(5) 构建综合生态安全评价模型研究干热河谷区域综合生态安全状况及其变化趋势，构建综合生态安全障碍度模型研究综合生态安全主要障碍因素及作用机制。

第三节 研究数据源

本书的研究数据包括：①遥感数据由中国科学院地理空间数据云提供，包括 2008

年、2010年、2012年、2014年和2016年Landsat遥感卫星影像，其中2008年、2010年和2012年为Landsat-7ETM 影像，2014年和2016年为Landsat-8OLI影像，空间分辨率为30m，影像采集时间为当年的1月，此时正值元谋干热河谷旱季，图像受干扰少，图像清晰度高，云量均在 3%以下，清晰度高，便于图像解译。②本研究所用的 DEM 数据为ASTER GDEM V2产品，分辨率为30m，ASTER GDEM V2版采用了一种先进的算法对 V1 版 GDEM 影像进行了改进，提高了数据的空间分辨率精度和高程精度。该算法重新处理了1500000幅影像，其中的250000幅影像是在V1版GDEM数据发布后新获取的影像，由中国科学院地理空间数据云提供。③1∶10万地理基础信息系统，包括地形、人口、河流、村庄等基本信息，数据提供平台为国家基础地理信息中心。④本研究的社会经济和自然环境数据来自于《元谋县统计年鉴(2006—2016)》《元谋县国民经济和社会发展统计公报(2005—2015)》和《云南省统计年鉴(2006—2016)》及《元谋县志》，另有土壤、植被、气候数据等部分自然环境数据来自相关的专题研究资料，数据由国家气象信息中心、云南省统计局、楚雄市统计局、楚雄市林业局、元谋县统计局和元谋县林业局等相关单位提供。

第四节 干热河谷生态安全评价的主要研究内容

一、土地利用及景观格局变化

利用2008年和2016年的遥感影像、DEM数据、1∶10万基础地理数据及其相关社会和经济数据，以GIS、RS、土地利用和景观生态学等理论和方法，提取土地利用基本信息，分析8年来土地利用结构变化、土地利用转移和土地利用程度变化状况，阐明土地利用结构变化的原因和机制。以景观格局指数分析研究区景观格局特征、变化状况及主要原因。

二、植被覆盖度时空异质性

利用2008年、2010年、2012年、2014年及2016年5景Landast遥感影像，分析研究区整体空间和特定地形剖面上植被覆盖度特征，探索不同高程带植被覆盖度的构成状况，以采样网格点植被覆盖度标准差和回归斜率探索植被覆盖度的时空异质性特征，以此分析研究区植被生态状况及其变化，进而以GWR模型探索高程因素对植被覆盖度的影响，探讨自然和人为干扰因素对植被覆盖度及生态环境的影响。

三、生态系统服务价值变化

在土地利用结构研究的基础上，结合自然环境特征对单位面积生态系统服务价值进行修订，分析生态系统服务静态价值的变化及其原因，继而修订生态系统服务动态价值系数，阐明生态系统服务动态价值的变化，分析其变化原因及趋势。

四、景观生态安全变化

以景观格局指数、生态服务价值和植被覆盖度为参数建立景观生态安全评价模型，研究2008年和2016年元谋干热河谷景观生态安全度的变化状况，并结合空间自相关模型、空间趋势面分析及地统计学分析元谋景观生态安全的时空变化特征，阐明景观生态安全变化原因及趋势。

五、综合生态安全及障碍因素

以DPSIR理论框架模型构建综合生态安全评价指标体系，以熵权物元模型分析评价指标和综合生态安全的关联性，以综合指数法分析生态安全综合指数和DPSIR分类指标特征，进而利用相关性分析探索分类指标的相关性，揭示分类指标的相互作用。利用时间预测法对未来5年内元谋干热河谷综合生态安全进行预测，判明其发展趋势。构建元谋综合生态安全障碍度模型，研究评价指标和DPSIR分类指标的障碍度，阐明元谋干热河谷综合生态安全障碍因素及作用机制。

第五节　研究技术路线和方法

根据本书的研究目标，采集元谋干热河谷DEM、2008年和2016年两期Landsat卫星遥感影像、元谋社会经济统计数据及相关专题研究资料，以3S技术为基础技术平台，对遥感影像进行解译和分析，研究元谋干热河谷土地利用状况、景观格局、植被覆盖度及生态系统服务价值，继而基于景观格局、生态服务价值和植被覆盖度构建景观生态安全模型，以空间自相关和地统计学分析景观生态安全时空异质性。基于DPSIR框架模型构建区域生态安全评价体系，以熵权物元法研究区域综合生态安全状况，以综合指数法和时间序列法分析综合生态安全趋势；构建综合生态安全障碍模型，辨明综合生态安全主要障碍因素及其作用机制(图2-2)。

一、研究路线

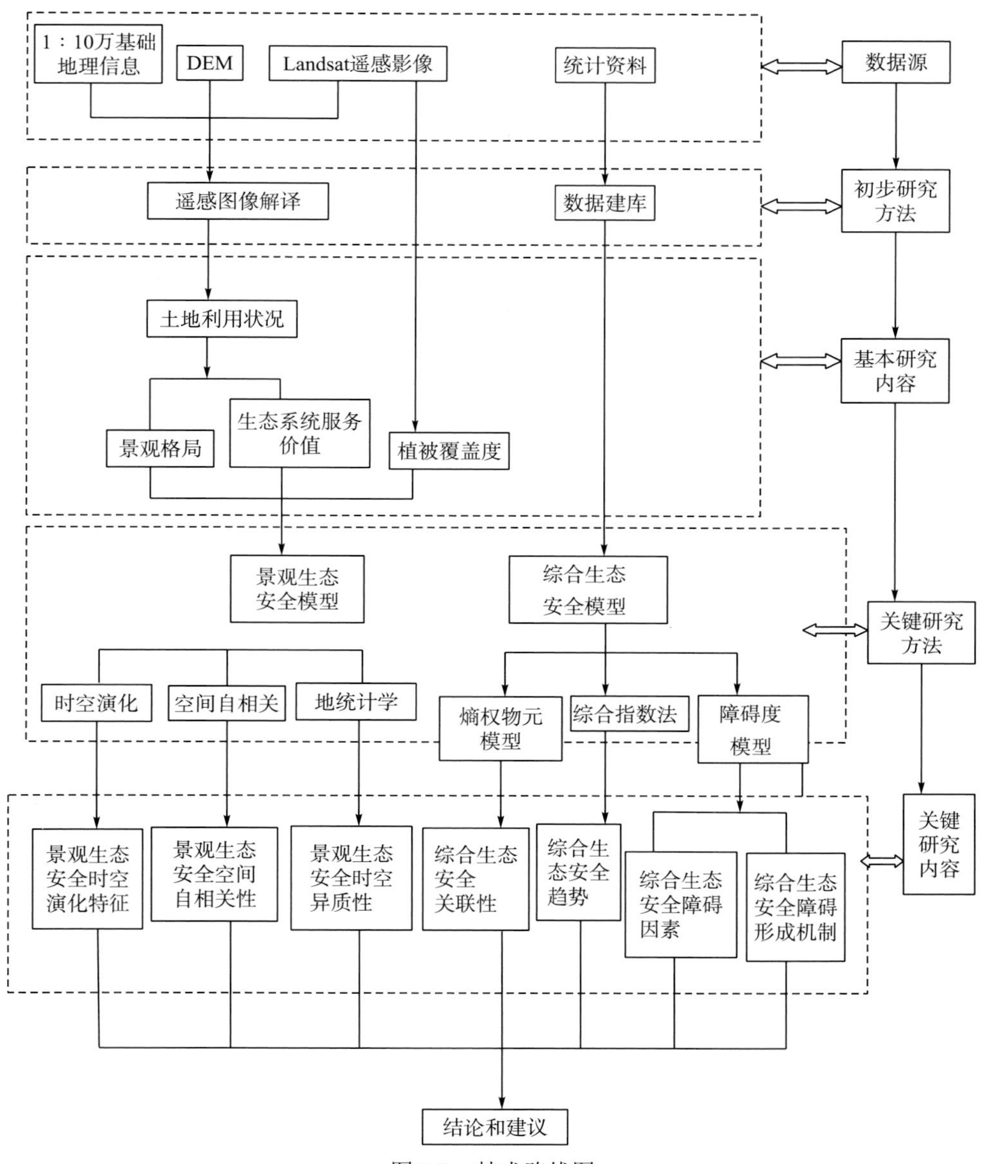

图 2-2　技术路线图

二、GIS 空间分析方法

GIS 空间分析是本项目研究的关键技术之一。首先采集元谋所在的 ASTER GDEM 30m 的数据，对所在多幅图幅进行拼接，实现拼接 DEM 与 1∶10 万的元谋基础地理信息系统数据的配准，根据元谋边界对拼接图幅进行裁剪，获取研究区的 DEM 数据。利用 GIS 空间分析功能提取等高线、坡度和坡向图。GIS 具有强大的空间分析方法功能，本研究采用地理回归模型分析高程因素对植被覆盖度的影响，采集景观格局指数、生态系统服务价值和植被覆盖度，利用 GIS 空间建模功能建立景观生态安全模型，利用空间自相关分析法和地统计学研究景观生态安全的时空异质性。

三、遥感技术

土地利用分类是本项目研究的基础。利用遥感技术获取元谋干热河谷 8 年来土地利用状况和变化趋势数据，在此基础上深入研究景观格局、植被覆盖度与景观生态安全等关键问题。分别对 2008 年与 2016 年两个时段遥感影像进行解译，提取两个时段的景观分类信息。以“3S”技术为手段，通过遥感影像的波段合成、几何精校正、影像裁切、图像解译等步骤，生成专题图层数据以分析土地利用动态变化。同时本研究还基于 2008 年、2010 年、2012 年、2014 年、2016 年五景遥感影像提取了元谋 5 个年份的植被覆盖度值，分析了研究区多个等级的植被覆盖度的结构特征。

四、景观格局指数分析方法

景观格局指数是分析景观格局量化研究的有效指标。本研究的景观格局研究主要基于景观水平层面分析，选取斑块个数、景观多样性、景观优势度、景观均匀度和景观破碎度五个指标以反映景观水平的元谋景观格局特征及其变化状况。

五、模型研究

1. 空间分析建模

为了研究干热河谷景观生态安全状况，需要利用 GIS 空间建模功能建立景观生态安全模型。从景观生态安全结构和景观生态质量两个层面衡量景观生态安全水平，因此将景观格局指数、植被覆盖度和生态系统服务价值作为参数，确定每个参数的权重及采样网格单元的大小，在 ModelBuilder 中完成进行建模工作，主要内容包括图层选择、参数设置、模型运行和结果输出等。

2. 理论框架模型

区域综合生态安全评价的指标众多，单个指标只能从一个非常小的角度分析其对综合生态安全的影响，且单指标的评价结果很难实现兼容。如何表达影响综合生态安全各因素之间的作用关系，需要通过理论框架模型对指标进行分类，将其纳入不同的作用层面。本研究选择 DPSIR 模型表达区域影响生态安全各因素之间的信息耦合关系，为区域综合生态安全作用机制的揭示提供基础模型。

3. 数理模型

定性评价方法难以清晰地揭示区域综合生态安全状态。生态安全量化研究的主要研究内容之一便是量化综合生态安全等级。数理模型在量化数域等级方面具有优势，因此本研究需要通过数理模型解决区域生态安全评价中的模糊性和单指标结果不兼容性。建立熵权物元模型分析单个评价指标和综合生态安全关联度，同时以综合指数法研究综合生态安全指数的变化和趋势，实现物元法和综合指数法的结合研究。建立综合生态安全障碍度型，计算障碍度大小并进行排序，辨明综合生态安全主要障碍因素及作用机制。

六、多元统计分析

多元统计分析是一种重要的数理统计方法，它能够基于多对象和多指标的相关性研究其统计规律。本研究应用了多元统计方法中的 *t* 分布、相关分析法和时间序列法。

t 分布(*t*-distribution)又称学生 *t*-分布，是一种统计分布。在概率论和统计学中，学生 *t*-分布(student' s *t*-distribution)经常应用在对呈正态分布的总体的均值进行估计。它是对两个样本均值差异进行显著性测试的学生 *t* 测定的基础。*t* 检定改进了 Z 检验，不论样本数量大或小皆可应用(王力宾，2010)。植被覆盖度采样数据样本多，*t* 分布能够在一定置信度条件下较好地展示数据的分布特征，反映植被覆盖度变化的显著性，因此本研究利用 *t* 分布对不同年份间植被覆盖度的变化趋势显著性进行分析，研究不同等级的植被显著性变化的空间格局。

相关性分析是研究现象之间是否存在某种一相关关系，并对具有相互依存关系的现象探讨其相关方向以及相关程度，是研究随机变量之间的相关关系的一种统计方法。DPSIR 理论框架中综合生态安全分类指标之间具有相关性，为了探明多个变量之间的关系，需要利用相关性分析揭示各类指标之间的关系方向、程度和显著性。本研究采用双变量(Bivariate)分析法探究 DPSIR 多个层面的指标的相关关系，使用 Pearson 相关系数(*r*)研究分类指标的相关系数。当相关性系数为正，表示指标间具有正向的相关性，反之则具有负向相关性。相关性系数的显著性检验(*P*)有两个水平，一种是 0.05 水平，表示相关性显著；一种是 0.01 水平，表示相关性非常显著(王力宾，2010)。

时间序列预测法就是编制时间变量的数据分析数据的时间序列，根据时间序列数据所体现的演化历程、演化方向和演化趋势进行推演或延伸，以此预测未来一定时段内该数据演化趋势及可能达到的水平。时间序列法能较好地预测研究变量的发展趋势。时间序列分析的主要步骤包括：收集时间变量数据；将数据规整成顺序数据；定义时间变量；选择时间序列模型方法，设定参数；执行模型；检验模型合理性；分析时间序列图和预测值，找出数据发展趋势。利用综合指数法获得的综合生态安全得分是典型的时间序列数据，适合于用时间序列法研究其发展趋势。常用的时间序列预测方法包括指数平滑法和自回归模型等(王力宾，2010)。本研究拟分析元谋干热河谷综合生态安全态势，以综合生态安全指数作为研究序列值，采用指数平滑法开展综合生态安全趋势研究。

第三章　干热河谷地区土地利用及景观格局研究

土地是人类生产和生活的载体，是区域发展最重要的生态资源之一。土地利用的变化引发植被、土壤、水分等生态要素时空分配格局及相互作用力的变化，是人类对自然生态系统最直接、影响最为深远的作用方式(江晓波等，2003；蔡为民等，2006；田锡文等，2014)。干热河谷经济和社会的发展、城市的扩张及各种土地类型变化频繁，是区域生态环境变化的重要原因。干热河谷土地利用及景观格局研究是分析干热河谷生态环境变化的基础，能为干热河谷生态安全研究提供基础数据和理论依据。

第一节　地理空间数据的处理

一、DEM 数据处理

数字高程模型(Digital Elevation Model，DEM) 是基础栅格数据的一种，是数字地形模型(Digital Terrian Model，DTM)中的一种。它用阵列式栅格化的连续面表达地球表面起伏特征。DEM 中含有基本的地形高程信息，不仅能表达研究区地形和地貌的基本架构，同时也能基于高程信息派生出各种地形因子(如坡度、坡向和等高线等)。本研究所用的 DEM 数据为 ASTERGDEM V2 产品，分辨率为 30m。元谋县共涉及 4 个图幅(ASTGTM2_N26E101、ASTGTM2_N26E102、ASTGTM2_N25E101、ASTGTM2_N25E102)，因此，需要首先在 ArcGIS 中利用工具 Mosaic 对 4 个图幅进行拼接，以确保 DEM 数据包含所研究区域(图 3-1)。再利用水系和高程点作为控制点依据实现拼接后的 DEM 与 1∶10 万基础地理信息系统的空间配准，之后利用元谋县域的矢量图层裁剪拼接图幅获得研究区范围 DEM 图(图 3-2)。

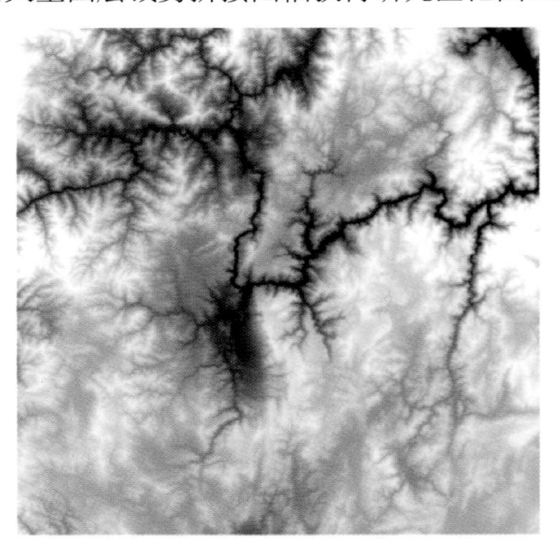

图 3-1　拼接后的元谋县所在图幅

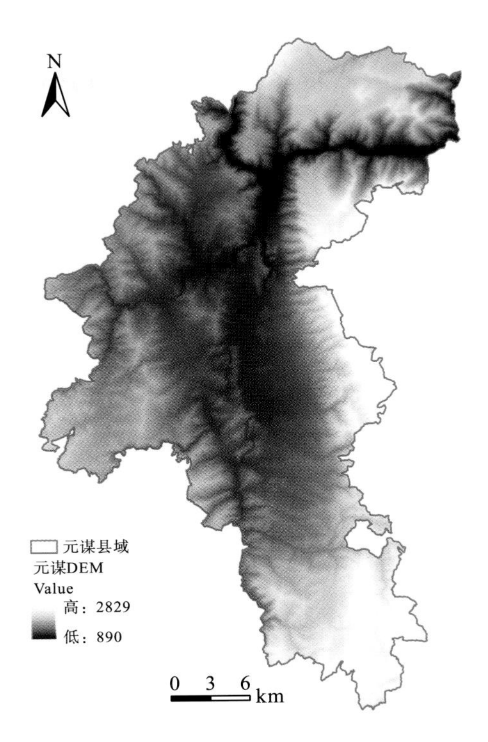

图 3-2 研究区的 DEM

为了使空间数据能够实现投影坐标系统的统一，采用面积和长度误差较小的横轴墨卡托投影坐标系统，其基础参数为：

```
Projection: Transverse_Mercator
false_easting: 500000.0
false_northing: 0.0
central_meridian: 99.0
scale_factor: 1.0
latitude_of_origin: 0.0
Linear Unit: Meter (1.0)
Geographic Coordinate System: GCS_Pulkovo_1942
Angular Unit: Degree (0.0174532925199433)
Prime Meridian: Greenwich (0.0)
Datum: D_Pulkovo_1942
Spheroid: Krasovsky_1940
Semimajor Axis: 6378245.0
Semiminor Axis: 6356863.018773047
Inverse Flattening: 298.3
```

二、基本地形的提取

1. 高程信息

在 ArcGIS10.2 平台下利用 DEM 数据进行 Contour 运算提取等高线(图 3-3)。根据高程范围将研究区分为 4 个垂直高程带，即河谷坝区(899～1100m)，坝周低山(1100～1350m)，中低山(1350～1600m)和中高山(1600～2850m)(图 3-4)。

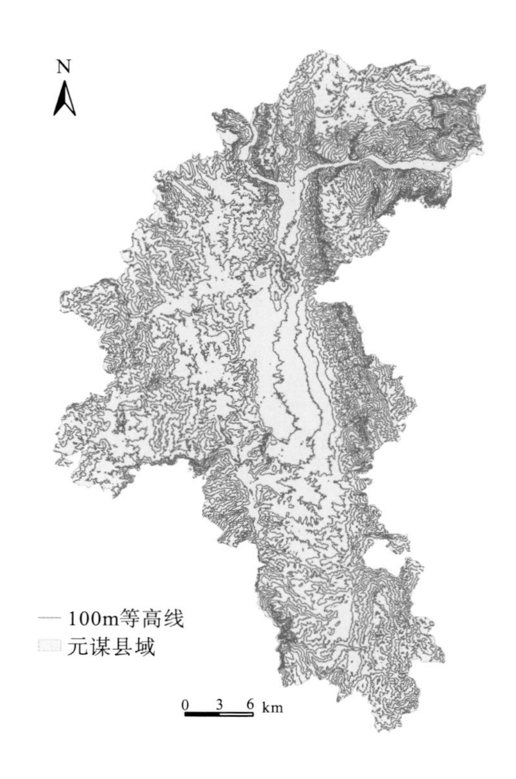

图 3-3 元谋 100m 等高线图

2. 坡度提取

在 ArcGIS10.2 平台下利用 DEM 数据进行 slope 运算，将坡度分为 4 个等级：平坡(0° ≤slope＜5°)、缓坡(5° ≤slope＜15°)、斜坡(15° ≤slope ＜25°)、陡坡(slope≥25°)(图 3-4 和图 3-5)。

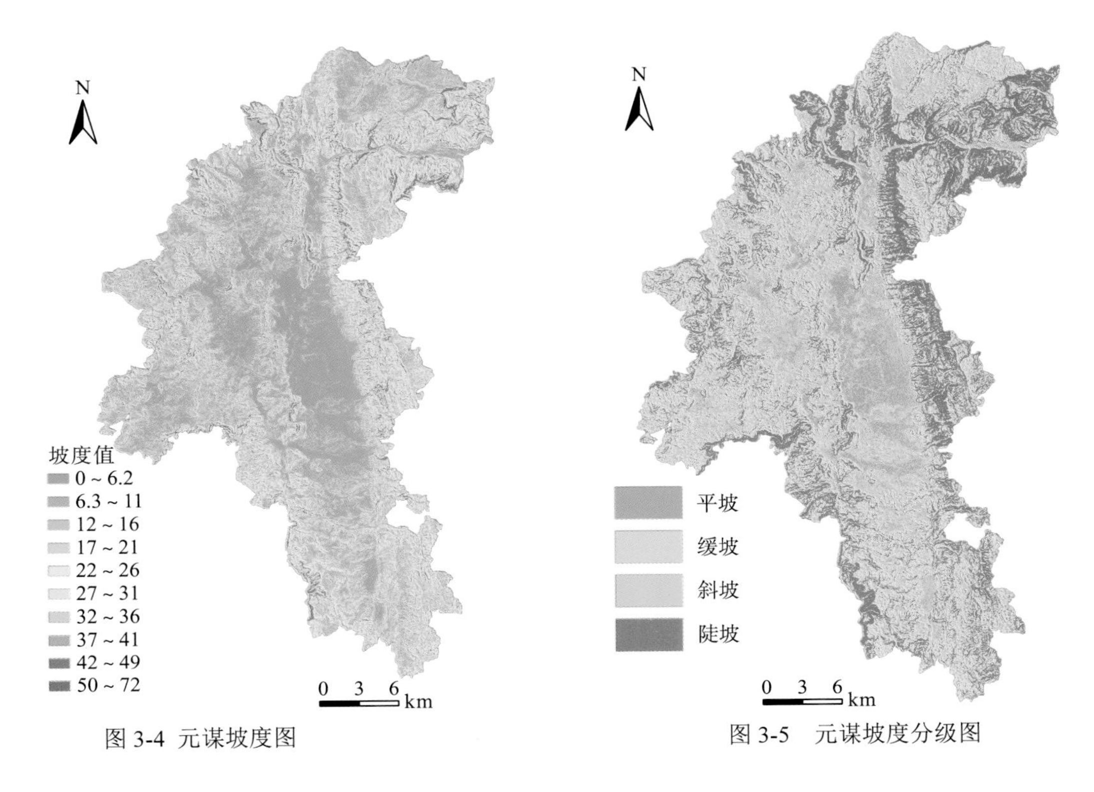

图 3-4 元谋坡度图　　图 3-5　元谋坡度分级图

3. 坡向提取

在 ArcGIS10.2 中利用 DEM 数据进行 Aspect 运算，获得研究区坡向图(图 3-7)。

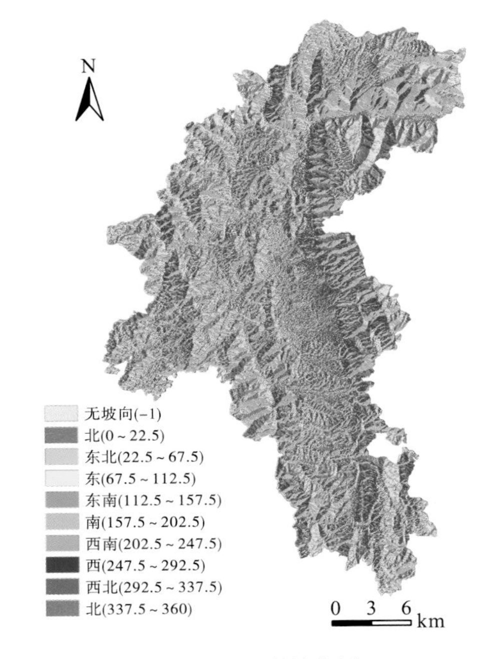

图 3-6　元谋坡向图

第二节　遥感影像预处理

一、波段的选取与合成

每个波段的波段长度和范围不一样，波段特征之间有明显的差异。不同的波段组合在辨析地物信息时有各自的优势，如 Landsat-8 OLI 中 7、6、4 波段合成使水体和植被信息得到了增强，6、5、2 波段合成使裸地信息得到增强。标准假彩色合成图像中植被显示红色，合成图像地物信息呈现较为鲜明，合成植被信息清晰且层次感好，常用于植被分类和水体识别。因此，本研究使用标准假彩色合成模式进行波段合成，将 Landsat ETM 影像的 4、3、2 赋予红、蓝、绿三种颜色，将 Landsat-8 OLI 的 5、4、3 波段同样赋予红、蓝、绿三种颜色，三个波段经过合成后形成标准假彩色合成图像。本研究所选波段及光谱效见表(表 3-1)。

表 3-1　所选波段及光谱效应

波段类别	成像仪类别				波段光谱效应
	TM		OLI		
绿色波段	Band2	0.52～0.60μm	Band3	0.53～0.59μm	绿色波段对植被比较敏感，有利于识别植物种类，常用于探测植被生长阶段及健康状况。对水体有较好的穿透能力，可反映水下地形、地貌和植被特征
红色波段	Band3	0.63～0.69μm	Band4	0.64～0.67 μm	有利于判读植被覆盖度和植被类型及判定地貌、岩性、土壤和水中泥沙等
近红外波段	Band4	0.76～0.90μm	Band5	0.85～0.88 μm	对绿色植物类别差异最敏感，为植物通用波段，对水体具有强吸收力，常用于判读植物长势和区分土壤湿度

二、几何精校正

几何精校正的基本原理是选取一定的地面控制点，利用控制点和实物点之间的关系，通过几何校正模型来实现遥感影像相应像元点的匹配，从而在一定程度上消除图像变形问题。本研究使用的原始图像已经经过辐射校正，但仍然需要做进一步处理，即利用精度更高的基础地形图对遥感影像进行几何精校正。ENVI 软件提供了多种几何校正模型，最常见的几何模型是多项式法，本研究选择多项式法作为校正模型，具体过程见图 3-7。

本研究以前期收集的研究区范围内 1∶10 万基础地理信息系统数据作为校正依据，对 2008 年 Landsat7-ETM 及 2016 年 Landsat-8OLI 卫星的影像数据进行几何精校正，校正在 ENVI 的 Map 中 Registration 模块下完成。对于控制点的选择主要考虑控制点是否固定且易于辨识，因此控制点多选择在地形图和遥感影像上易识别的同名固定的线状地物和点状地物，比如河流与铁路的相交点，河流与桥梁的相交点，铁路与公路交叉路口，道路交点和转折点。由于干热河谷地形复杂，为了保证校正选择的精度，需要更多的控制点以提高校正准确性，因此几何变换函数选择三次多项式函数。每景遥感影像内控制点在 28 个及以上，控制点较为均匀分布于整景影像。两景遥感影像的几何变换的总均方根误差均在 1 个像元内，几何精校正的精度符合要求。

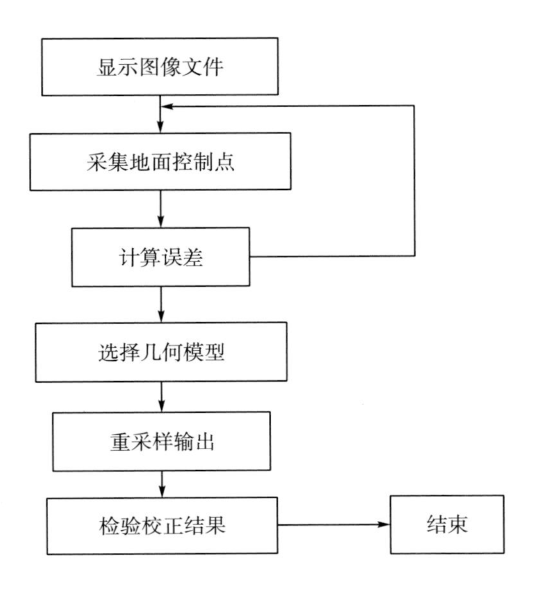

图 3-7　遥感影像几何精校正处理流程

影像经过几何位置的变换后进行重采样处理。影像重采样主要方法有最邻近法、双线性内插法及二次卷积内插法等。最邻近法将最邻近的像元值赋予新像元，较好地保留了原始图像中的灰度级别，有利于区分植被类型，且输出的重采样图像仍然保持原来的像元值，计算简单、处理速度快。双线性内插法和三次卷积内插法虽能使图像更平滑，但在较大程度上使细节信息被抹杀。本研究通过对比分析认为最邻近法能较好地保留图像的异质性，较适合干热河谷区实际状况，因而选择最邻近法对几何校正后的影像进行重采样。

三、遥感影像裁剪

经过几何精校正的图像是包含元谋及周边区域在内的整幅图像，因此需要提取元谋范围内的遥感影像。利用 1∶10 万基础地理信息数据库的.shape 格式的元谋边界矢量数据作为 ROI 区域，应用 ENVI 主菜单的 Subset Data via ROIs 功能裁剪得到研究区范围内的遥感影像，如图 3-8 和图 3-9 所示。

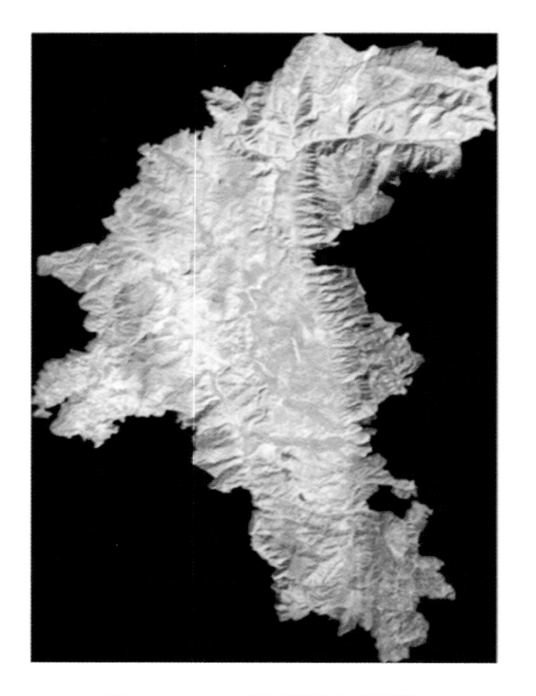

图 3-8 2008 年元谋遥感影像

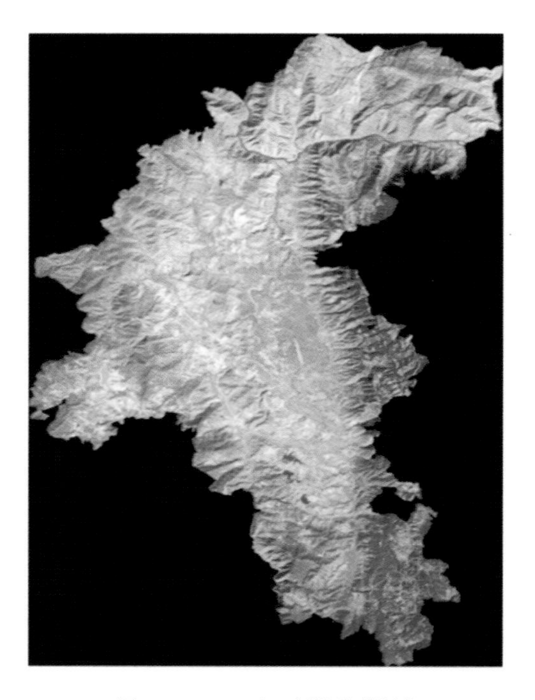

图 3-9 2016 年元谋遥感影像

第三节 土地利用遥感解析

一、遥感影像的判读特征

遥感影像通过不同波段的电磁波辐射记录了地表各种地物的覆盖特征，并且基于不同的判读标志和地物间关系反映地物结构信息。遥感影像的直接判读特征包括地物的形状、大小、色调和阴影，是地物类型在影像上直接属性表现。遥感解译的辅助特征包括纹理、地理位置和空间布局，是地物与周围环境相关关系在影像上的系统特征表现。干热河谷地形高差变化大，高程差异造成的环境梯度是土地利用类型解译的重要辅助特征。各种土地类型的空间分布有一定的环境条件，如有林地主要分布在中高山，河流主要分布在河谷坝区，所以在进行土地利用类型解译时结合环境梯度进行综合判读十分有必要。

二、遥感影像解译标志的建立

各种土地利用类型在遥感影像上的特征如表 3-2，从中可以看出不同土地利用类型的颜色、纹理、地理位置有差异性，因此遥感影像的判读特征为遥感影像的解译提供了基本信息。但因为遥感影像特征也存在一定的相似性，容易造成解读混淆，成为遥感影像解译中的难点。

表 3-2　土地利用类型解译标志影像对照

类型	编码	判读特征	图样	实地影像
耕地	1	主要分布在坝周低山和中低山区及山前带，颜色鲜红、淡红和淡蓝，质地较为细腻。盆地周围中高山也有零散分布，以片状和带状为主，连续分布特征明显		
林地	2	主要分布在中高山、中低山地带，颜色呈暗红、淡红，连片分布，质地较为细腻		
草地	3	主要分布在低中山区和坝周低山区，中高山区也有零星分布，颜色淡红，部分为青灰色，成带状或者片状，质地较为粗糙		
建设用地	4	主要分布在坡度较小的地带，几何特征明显，形状规则边界清晰，青灰色或黑灰色，亮度较高，纹理较粗糙，周围一般为呈红色或淡红色的耕地		
未利用地	5	主要分布在坝周低山区和中低山区，既有水土流失形成的裸露地表，也有草场或者耕地退化的撂荒。形状不规则，呈条带状。边界线清晰，呈亮灰色或淡灰色、灰黑色、灰白色等，纹理杂乱、不规则		
水域	6	主要分布在坝区底部及山间沟谷内，河流呈明显线状分布，其他地带水域周围有居民地和耕地，以蓝色系为主，黑蓝、深蓝色、蓝色或浅蓝，质底光滑一致		

注：部分内容参考了何锦峰等(2009)研究成果。

三、遥感影像解译

遥感影像的主要解译方法包括计算机自动解译和人工解译。计算机自动解译常用方法包括监督分类法和非监督分类法，这两种方法在识别地物时各有其优势。但无论是监督分类还是非监督分类，由于过于依赖光谱识别，都不可避免地存在同物异谱、同谱异物等现象，因而单纯依靠计算机解译方法在遥感图像解译时会产生较大误差。人工解译主要通过人目视解译，依靠知识和经验进行图像判读。干热河谷属于山地地形，地形破碎，地物类型复杂，在遥感影像解译时有一定难度。为了提高解译效率，本研究对土地利用类型信息的提取时采用了计算机解译和人工交互解译相结合的方法。对于地物光谱特征比较突出的地类(如林地和耕地)、城乡居民点、工矿用地、公路、铁路等类型，通过计算机解译方法进行类型特征提取。对于计算机解译中存在的分类模糊问题，利用人工目视交互解译方法进行校正。

最初的分类处理是基于非监督分类，分类级别为本研究预设类别地类数目(6 种地物)的 3 倍以上，即 22 种，迭代次数设置设为 20 次，逐一识别各种光谱特征级别相对应的地物类型。若地物类型相同，则须合并同一地物呈现的多个级别光谱层类。在遥感影像解译时，存在着同一光谱特征影像对应不同的地物类型，这部分图斑的解译存在着不确定性，需要予以重点解决。本研究对这部分图斑划定其区域范围，建立 AOI 区，然后运用监督分类法，依据判读标志和辅助判读信息，分别对待区分的地物类别建立种子模板，实施分离性分析，修改种子模板，继而再进行计算机分类(孙长安，2008)。

以计算机解译获得的地物类型的分类结果出来后，发现经过计算主体的地物类别被甄别出来，但是产生较多的小而破碎的斑块，这些微小图斑不利于地物类型的有效分类和制图效果，需利用 ENVI 中的一些分类后处理方法进行图斑后续处理。本研究使用 Clump 和 majority 方法去除微小斑块。在用 ENVI 软件完成地物类型分类后，各个类别中的每个斑块都进行了相应的类型编码，获得了土地利用类型的分类数据。继而利用 ArcMap 10.2 平台，将计算机分类结果的栅格数据转为矢量数据。结合野外建立的解译标志和土地利用类型图、Google Earth 等其他相关解译资料，综合遥感影像及目视解译判读直接进行属性类型的修改和难以辨别的图斑的编辑，将一定区域内相邻且具有相同编码的斑块进行合并并完成拓扑检查，以消除各图斑直接的错误关系，继而定义土地利用类别的名称，分配颜色方案，并进行计算机制图处理，最后获得两期元谋干热河谷土地利用类型图(图 3-10，图 3-11)。

四、解译成果野外验证

解译成果是否准确还要通过野外调研验证，2008 年的遥感影像解译结果主要与 2008 年土地利用类型图进行核对。2016 年的遥感影像解译通过野外采点验证。确定了研究中一些较易混淆的区域，对其进行抽查，采取 GPS 定位、实地与解译图斑核对，共随机抽样 12 个点，复核图斑 268 个，抽查出解译错误图斑 30 个，本次解译的成果平均正确率为 88.80%，达到了遥感影像解译规定的不低于 85%的标准要求，详见表 3-3。

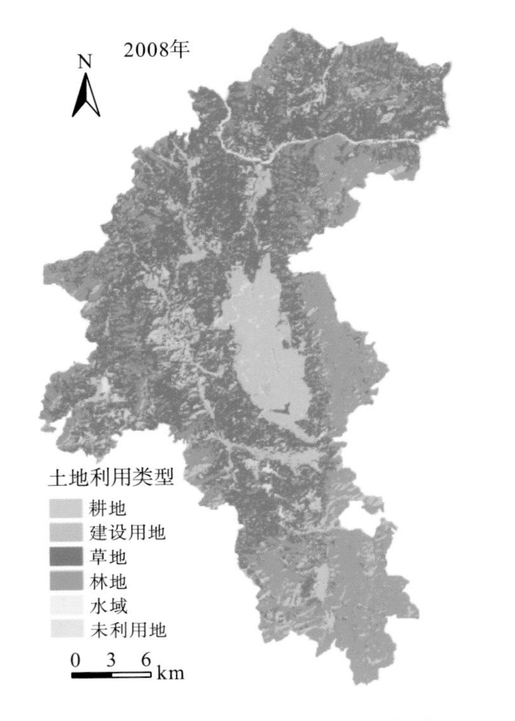

图 3-10 2008 年土地利用类型图

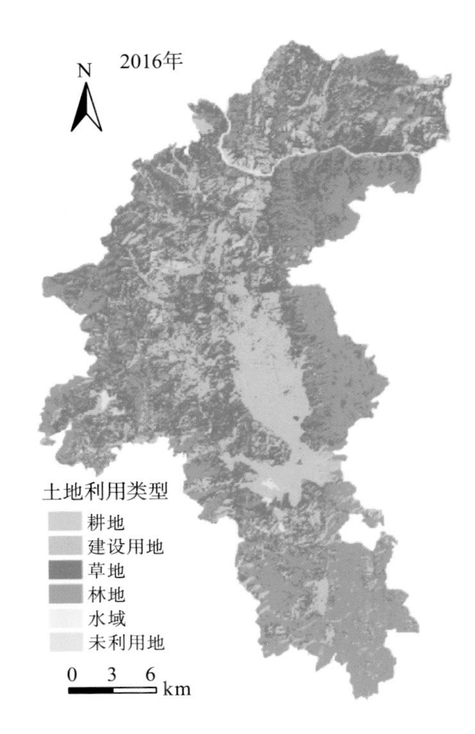

图 3-11 2016 年土地利用类型图

表 3-3 土地利用类型解译野外调研验证表

验证点编号	验证斑块	错误图斑数量	正确率/%
1	23	2	91.3
2	28	3	89.3
3	19	2	89.4
4	31	4	87.1
5	27	3	88.9
6	15	2	86.7
7	12	1	91.7
8	25	2	92.0
9	21	2	90.5
10	22	3	86.4
11	17	2	88.2
12	28	4	85.7
合计	268	30	88.8

第四节　土地利用变化

一、土地利用结构变化

土地利用结构的变化首先反映在不同土地利用类型的数量变化，通过分析每种土地利用类型数量和分布变化，可揭示该研究区的 LUCC 趋势和土地类型结构特征(潘竟虎等，2012)。在 ArcGIS10.2 中对两期土地利用类型数据进行统计分析，得出表 3-4 的数据。从表中可以看出研究区主要土地类型是草地、林地和耕地，2008 年和 2016 年两个时期三种地类面积之和占研究区总面积的比例分别为 90.39%、90.54%。林地面积增加最多，增加面积达 64.24 km^2；草地面积减小面积最大，为 98.59km^2；耕地面积也有较大幅度的增长，达到了 37.40 km^2。从变化趋势来看，耕地、林地和建设用地均处于增长态势，草地、未利用地和水域面积均处于缩减态势。元谋各种土地利用类型的变化率较大，其中未利用地和建设用地的变化率最大，分别达到了-35.58%和 23.31%，表明这两种土地利用类型的变化幅度非常明显。土地利用结构及其变化一方面反映了研究区农业经济发展、城市扩张及人口增长导致的耕地、建设用地的扩张及未利用地的减少，另一方面也反映了水土保持综合治理和退耕还林工作等人为活动的开展成效对林地恢复起到较大的作用。

表 3-4　土地利用类型结构

土地利用类型	2008 年面积/km^2	比例/%	2016 年面积/km^2	比例/%	面积变化/km^2	变化率/%
林地	562.08	27.65	626.32	30.81	64.24	11.42
草地	1016.62	50.01	918.03	45.16	−98.59	−9.70
耕地	258.78	12.73	296.18	14.57	37.40	14.45
建设用地	84.57	4.16	104.28	5.13	19.71	23.31
未利用地	77.45	3.81	56.11	2.76	−27.56	−35.58
水域	33.34	1.64	31.92	1.57	−1.42	4.26
合计	2032.84	100	2032.84	100		

二、土地利用转移

土地利用转移矩阵能通过对各种土地利用类型转入和转出面积的统计较为细致地分析了区域中各种土地利用类型变化的方向及速率(吴莉等，2013)。它一方面表现区域初年和末年各土地利用类型的构成状况，另一方面展现了各种土地利用类型的转入与转出的态势。利用 ArcGIS10.2 软件中的 Dissolve 和 Intersect 工具，对 2008 年和 2016 年两个时段研究区土地利用类型进行叠置分析，得到土地利用转移矩阵(表 3-5)。

表 3-5　土地利用转移矩阵　单位：km^2

土地利用类型	林地	草地	耕地	建设用地	未利用地	水域	2008 年面积
林地	471.55	73.61	14.02	2.90	0	0	562.08
草地	123.11	812.12	70.39	7.34	3.66	0	1016.62
耕地	27.22	25.66	192.86	10.17	2.87	0	258.78
建设用地	0	0	0	82.34	2.23	0	84.57
未利用地	4.44	6.26	18.91	1.53	42.27	4.04	77.45
水域	0	0.38	0	0	5.08	27.88	33.34
2016 年面积	626.32	918.03	296.18	104.28	56.11	31.92	2032.84

从表 3-5 中可以看出各种土地利用的转化方向和幅度不尽相同。草地的转化面积最多，草地向林地、耕地转出面积远大于其逆向过程，这也是草地减少的主要原因，两者占据了 95%以上的草地转出用地。建设用地和水域由于其自身的特点，其变化不及其他地类复杂。建设用地属于人工用地类型，由于其自然属性较弱，很难转化为对自然属性要求较高的土地利用类型。建设用地的一个重要来源是耕地，主要是因为人口和经济的社会发展，促使城市化发展步伐加快，各种工矿、居民用地及交通用地的扩张占用了地势较为平坦的耕地，这种状况在河谷坝区表现更为明显。水域是元谋重要的生态用地类型，但是由于水域的稀少及水源地的保护，水域鲜少变为其他土地利用类型。水域用地和未利用地的相互转化属于水域范围的自然变化。未利用地虽然占地面积小，但是未利用地的变化较为频繁。未利用地的主要来源则是由于其他地类退化或者撂荒形成，而转出是因为未利用地被开发成其他土地利用类型。

三、土地利用类型动态度变化

1. 单一土地利用动态度

单一土地利用动态度指一定时间范围研究区中某种土地利用类型变化的速率，即年变化率。单一土地利用变化率常用于比较不同土地利用类型变化速度的差异性，以此可以判断某种土地利用类型变化幅度和趋势。其表达式为(孙长安，2008)

$$M=\frac{V_b-V_a}{V_a}\times\frac{1}{T_2-T_1}\times 100\% \tag{3-1}$$

式中：M 为某一种土地利用类型动态度；V_a 为研究初年某一种土地利用类型面积，hm^2；V_b 为研究末年相应某一种土地利用类型的面积，hm^2；T_1-T_2 为初年与末年之间的时间长度，即研究时段长度。

根据式(3-1)计算出 5 种土地利用类型的年变化率并进行统计分析(表 3-6)，可以看出：2008～2016 年，土地利用年变化率最大的是未利用地，年变化率达到 4.48%，反映了各种土地类型对未利用地的争夺十分激烈；其次为建设用地，年变化率为 2.91%，反映了人口增长和城市化对建设用地具有强烈的刺激作用；再次为耕地，年变化率达到 1.81%，反映了农业产业的发展对耕地旺盛的需求。水域的年变化率较小，年变化率为0.53%。对各种土地利用类型的单一土地利用动态度进行比较，其大小顺序依次为：未利用地>建设用地>耕地>林地>草地>水域。

表 3-6 单一土地利用动态度

土地利用类型	林地	草地	耕地	建设用地	未利用地	水域
单一土地利用动态度/%	1.43	1.21	1.81	2.91	4.48	0.53

2. 土地利用综合动态度

土地利用类型存在转出转入的现象，单一土地利用动态度只能反映某一种地利用类型的速度变化，不能反映土地利用类型的转出和转入综合动态变化状况，因而需要从综合动态度角度进一步分析土地利用类型的变化状况(赵阳等，2013；曹冯等，2014)。土地利用综合动态度的计算公式(孙长安，2008)如下：

$$U=\frac{\Delta V_l+\Delta V_m}{V_n}\times\frac{1}{T_2-T_1}\times 100\% \tag{3-2}$$

式中：ΔV_l为研究时段内由其他土地利用类型转入为该类别土地利用类型的面积之和；ΔV_m为该土地利用类型转变为其他土地利用类型的面积之和；V_n为研究期末年某一种土地利用类型的数量，T_2-T_1为研究时段长度。利用式(3-2)计算各种土地利用综合动态度指数。2008～2016年土地利用变化的综合变化率如表3-7所示。

表 3-7 土地利用综合动态度

土地利用类型	林地	草地	耕地	建设用地	未利用地	水域	均值
综合动态度/%	4.89	4.23	7.14	2.90	9.47	3.72	5.39

从表3-7可以看出，未利用地的土地利用综合动态度变化最大，达到9.47%，反映了未利用地频繁在各种土地利用类型中转化。土地是各种经济活动的场所和依托，随着土地价值的提升，各种土地利用类型都希望通过获得更多的空间分布份额以获取更高的经济价值。未利用地常因为处于空置状态成为各个土地类别争夺的焦点。然而土地利用又受空间位置、土地质量等多方面因素的影响。2008～2016年，研究区迅速发展的经济刺激了土地利用变化的速度，未利用地转变成其他地类，更多地转化为其空间位置相近的主要土地利用类型。而在利用过程中，各种土地利用类型又由于空间位置不适、土地退化造成撂荒，转化为未利用地，如耕地由于土地质量下降，达不到预期经济效益，导致弃耕成为荒地；草场由于过度垦殖，水土流失加剧，退化成裸地，土地失去其生产力价值，成为未利用地。因此，未利用地成为综合动态度最大的地类。耕地的土地综合动态度变化综合为7.14%，其幅度仅次于未利用地。农业是元谋的经济支柱产业，耕地数量的扩张成为内在需求，然而建设用地由于对地形的要求，其扩张占用了较多的平地平田，而退耕还林的实施使部分中高山地区及坡度大的区域的耕地向林、草地转化，耕地只能在坝周低山及中低山区占据草地和未利用等其他类型，而同时一些耕地由于自身并不适合耕种而转化为其他地类。林

地和草地的综合动态度为 4.89%和 4.23%，两者的综合动态也都较高，主要是因为林地和草地的生境比较接近，两者容易相互转化，而退耕还林还草的实施，使得耕地向林草转化。2008～2016 年元谋土地利用综合动态度的均值为 5.39，表明元谋土地利用综合动态度较高，这也是元谋经济迅速发展和土地利用类型变化频繁的集中反映。

3. 土地利用状态指数

土地利用状态指数是通过对土地利用类型转入转出态势的分析反映了某一种土地利用类型变化的趋势和状态，其计算公式(孙长安，2008)如下：

$$S = \frac{V_b - V_a}{\Delta V_l + \Delta V_m} - 1 \leqslant P \leqslant 1 \tag{3-3}$$

式中：V_a 为和 V_b 分别为研究时段开始和结束时期的某种地类的面积；ΔV_l 和 ΔV_m 分别是指转化为该地类的其他地类的面积总和由本地类转化为其他地类的面积的总和。P 指的是研究的总时段长度。

表 3-8 土地利用状态指数释义

指数方向	指数区间	释义
$0 \leqslant P \leqslant 1$	$P \to 0$	当 P 值趋近于 0 时，表明该地类趋向于缓慢增长态势，转入转出频繁，呈现平衡态势，该土地利用类型的转入面积略大于转出的面积
	$P \to 1$	当 P 值趋近于 1 时，表明由其他地类转入该地类的面积大于该地类的转化为其他地类的。该地类的变化非常不均衡，该地类面积增长十分显著
$-1 \leqslant P \leqslant 0$	$P \to 0$	当 P 值趋近于 0 时，该土地利用类型的规模呈缓慢减少态势，转入转出频繁，呈现平衡态势。该土地利用类型的转入面积略小于转出面积
	$P \to -1$	当 P 值趋近于 0 时该土地利用类型以转出为主，呈现极端非平衡态势，致使该类型面积显著减少

表 3-9 土地利用状态指数

土地利用类型	林地	草地	耕地	建设用地	未利用地	水域
状态指数	0.26	−0.32	0.22	0.70	−0.65	−0.15

根据式(3-3)计算得出元谋 2008～2016 年土地利用类型变化的状态指数，计算结果如表 3-9 所示。林地、耕地和建设用地的状态指数分别为 0.26、0.22 和 0.70，状态指数值都位于[0，1]的正值区间中，表明三种地类的面积较之前都有所增长，转入的面积大于转出面积，但各种类型变化特征有显著差异。建设用地的值达到 0.70，非常接近于 1，表明建设用地的转入态势极为明显；林地和耕地土地利用状态指数转入态势相对较弱，但转入转出较为频繁。草地、未利用地和水域的状态指数分别为−0.32、−0.65 和−0.15，值都小于 0，说明这 3 种土地利用类型面积都有不同程度的缩小，转出面积大于转入面积。其中，未利用地的值达到−0.65，较接近于−1，表明未利用地转化为其他地类的态势明显；其他两种土地利用类型的转出态势相对弱，但转入转出较为频繁。

四、土地利用程度变化

土地利用类型的基本属性是自然属性，然而人类通过各种经济和社会活动赋予其更多的人为属性。元谋干热河谷人类活动悠久，纯自然状态下土地利用基本已经不存在。对土地利用而言，其上限即土地资源的利用最大程度表现为人为赋予的土地属性取代原有的自然属性，使土地利用类型往往表现为难以恢复的类型，其自然生态过程极弱，如建设用地自然生态特征极少，且很难转化成其他土地利用类型；土地利用的下限为在原生自然状态下，土地利用类型保持显著的自然属性特征，如未经人类破坏的原始林地。不同的土地利用类型自然属性有差异，受人为干扰影响不同，土地利用程度也存在着差别。土地利用程度越高，意味着从自然属性特征来说该地类可利用程度就越低，表明人类对该地类干扰程度越大。

土地利用程度指数可以从多个层面来测量，主要包括强调某一利用角度的简单指标层面，如土地利用率、土地垦殖率等，也可以从综合利用层面反映研究区土地利用综合状况，如土地利用综合指数。本书从简单指标和土地利用综合程度指数角度分析研究区土地利用程度变化情况。

1. 简单指标

简单的土地利用指标通常用某种土地利用类型的面积比例从人类对土地利用的某一方面角度反映研究区土地利用程度。常用的简单指标有土地利用率、土地垦殖率、土地建设利用率和林草覆盖率等。本研究分别计算了元谋 2008 年和 2016 年土地利用率、土地垦殖率、土地建设利用率及林草覆盖率，其结果如表 3-10。

表 3-10 土地利用简单指数

时段	土地利用率/%	土地垦殖率/%	土地建设利用率/%	林草覆盖率/%
2008	96.19	12.73	4.16	77.66
2016	97.24	14.45	5.13	75.79
变化率	1.05	1.72	0.97	-1.87

土地利用率从已利用地的面积比例衡量土地利用程度，反映了区域土地后备资源的稀缺性。2016 年元谋的土地利用率（97.24%）较 2008 年的 96.19%增加了 1.05%，主要是因为未利用地比例的下降，表明元谋可利用的土地后备资源进一步减少；土地垦殖率从耕地面积的比例衡量了土地利用程度。2016 年元谋土地垦殖率较 2008 年提高了 1.72%，元谋土地垦殖率略增长表明农业经济的发展对耕地面积增长的刺激作用及区域经济对农业依赖程度的提升。土地建设利用率衡量了土地利用结构中建设用地比例，反映了人口和城市化对建设用地的作用。2008～2016 年，由于元谋经济迅速发展，城市的扩张及人口的增长，农村和城市居民用地增长，交通和工矿用地扩张，土地建设利用率增加了 0.97%。林草覆盖率反映了土地利用结构中林地和草地的比例。受山地生态环境影响，林地和草地是元谋的主要土地利用类型。虽然林地的面积在研究期内有所上升，但是由于草地比例的减少，

林草覆盖率的比例下降了 1.87%，但仍然是元谋的主要地类。从以上各简单指标的变化来看，土地垦殖率、土地建设利用率和土地利用率提升，林草覆盖率下降，反映了元谋土地利用程度总体提升，但元谋土地综合利用程度变化较小。

2. 土地利用程度指数

简单指数不能有效地从综合层面反映自然-社会层面对土地类型的作用程度。干热河谷土地系统是自然人文复合系统，人类活动叠加自然生态基础形成了特色性的干热河谷景观。土地利用程度应能反映复杂的自然-人文活动耦合关系的综合效应。刘正恩等(2010)提出了利用土地利用程度综合指数来反映土地利用的综合特征，庄大方等(1997)基于不同的土地利用类型自然和人文特征制定了相应的土地利用分级指数。本研究参考庄大方等(1997)的研究、区域自然环境特征及专家意见，将未利用地的分级指数值定为 1，林地、草地和水域为 2，耕地为 3，建设用地为 4。土地利用综合程度指数计算公式(孙长安，2008)如下：

$$L_c = 100 \times \sum_{i=1}^{n} A_i \times C_i \tag{3-4}$$

式中：L_c、A_i和 C_i 分别为土地利用程度综合指数、第 i 级土地程度分级指数和第 i 级土地利用程度面积比例；n 为分级指数的级别。L_c 的取值是在[100，400]上的连续函数。L_c 反映了土地开发利用综合程度，L_c 指数越大，表明受人为干扰影响强度越大。

根据式 3-4 可得元谋 2008 年和 2016 年的土地利用综合指数状况(表 3-11)。从表中可以看出，2008～2016 年元谋各种土地利用类型的土地利用程度综合指数变化有较大差异。林地、耕地、建设用地的土地利用综合指数都趋于增加，增加值分别为 4.90、5.52 和 3.88。8 年来这些土地利用面积都得到了扩张，表现了生态环境保护、农业发展和城市扩张对这些土地利用类型的驱动作用。草地、未利用地和水域的土地利用综合指数减少，变化值分别为−9.7、−1.05 和−0.14。草地的减少值最大，主要是因为草地相对容易转化为其他类型，在各种土地利用类型对空间争夺激烈的情况，草地面积下降幅度较大，因而草地的综合指数变动较大；未利用地和水域的面积都小幅减少，造成这两种土地利用类型的小幅变化。未利用地和水域由于自身面积小，因而土地利用程度综合指数变化小。元谋区域综合土地利用指数从 2008 年的 217.24 增长至 2016 年的 220.65，增长幅度不大。土地利用程度综合指数变化绝对值大小依次为草地>耕地>林地>建设用地>未利用地>水域。

表 3-11 土地利用程度综合指数

土地利用类型	林地	草地	耕地	建设用地	未利用地	水域	总计
2008 年	55.30	100.02	38.19	16.64	3.81	3.28	217.24
2016 年	60.2	90.32	43.71	20.52	2.76	3.14	220.65
变化值	4.90	−9.7	5.52	3.88	−1.05	−0.14	3.41

第五节　景观格局及动态变化

景观生态学的研究中通常从土地利用角度划分景观类型，因而土地利用的变化不仅改变了景观要素的几何形态、空间分布和结构比例，同时通过物质流、生态流的变化影响着各种景观类型的生态过程。景观格局指数高度浓缩了景观格局信息，能够反映其结构组成和空间配置状况，被广泛地应用于景观生态学结构研究中(王媛媛等，2013)。干热河谷是特殊的山地景观，地形破碎且变化大，复杂的自然生态基础使干热河谷景观结构更易受土地利用变化的影响。本研究根据景观生态学原理、景观格局指数的适用性及干热河谷自然环境特征，选取了多个景观格局指数从景观水平层面研究了研究区景观格局及其变化状况。

一、景观格局指数的选取

景观格局指数应具有公式简单性、生态学意义明确、从不同角度全面反映景观异质性等特征。本研究基于干热河谷自然地理环境和景观特征，选择以下指数研究元谋干热河谷景观格局特征：

1. 斑块个数(*NP*)

$$NP = m \tag{3-5}$$

式中：m 是研究区中各类景观斑块总数。

2. 多样性指数(H)

$$H = -\sum_{i=1}^{n} P_i \log_2 P_i \tag{3-6}$$

式中：P_i 是第 i 种景观类型占总比例的比例，n 是研究区中景观类型的总数。

3. 优势度指数(D)

$$D = H_{\max} + \sum_{i=1}^{n} P_i \log_2 P_i \tag{3-7}$$

式中：$H_{\max}$ 为景观多样性指数的最大值；P_i 是第 i 种景观类型面积占总面积的比例。

4. 均匀度指数(E)

$$E = \frac{\sum_{i=1}^{n} P_i \log_2 P_i}{\log_2 n} \tag{3-8}$$

式中：P_i 是第 i 种景观类型面积占总面积的比例。

5. 景观破碎度(FN)

$$\mathrm{FN} = (m-1)/A \tag{3-9}$$

式中：m 是景观中各类斑块总数。

在 ArcGIS 软件的支持下，将研究区两个时期的土地利用类型矢量图转化成 Grid 格式的数据，利用 Fragstats3.3 软件计算出各个景观指数值。

二、景观格局分析

从 2008 年到 2016 年元谋景观格局指数发生一定程度的变化，表现为(表 3-12)：

表 3-12　所选景观格局指数

景观格局指数	*NP*	*H*	*D*	*E*	*FN*
2008 年	31801	1.65	1.24	0.64	0.0016
2016 年	37740	1.72	1.21	0.66	0.0019

注：*NP* 为斑块密度，*H* 为多样性指数，*D* 为优势度指数，*E* 为均匀度指数，*FN* 为破碎度指数。

(1) 斑块个数在一定程度上反映了景观空间异质性和破碎化程度。研究区内的景观斑块数目越多，表明景观破碎化程度越大。因此斑块数与破碎化程度呈正相关关系。元谋土地利用景观斑块数目(NP)由 2008 年的 31801 个增加到 2016 年的 37740 个，增加了 18.7%，表明元谋景观斑块明显增多，斑块破碎化程度加深。斑块平均面积反映了斑块个体的大小，与破碎化程度呈反比。元谋斑块的平均面积由 2008 年的 6.4 hm^2 下降到 2016 年的 5.4 hm^2，反映了在自然和人文因素的双重作用下，尤其是草地和未利用地面积缩小，使干热河谷平均斑块面积减小。

(2) 多样性和优势度指数均能反映区域空间结构的丰富程度和土地利用类型支配的程度，只是从两个不同的侧面角度来解释其各自的生态学意义。优势度上升与多样性指数下降，表明景观类型向大景观要素集中。多样性指数值越大，景观异质性越强。景观多样性指数从 2008 年的 1.65 增至 2016 年的 1.71，表明受人类活动的影响，各景观类型面积差异缩小，而复杂程度增加，各种景观斑块在景观格局中趋于均衡化分布。元谋景观多样化的主要原因是由于建设用地、耕地增加等非优势景观地类面积比例增加较为明显。优势度指数表示景观结构组成中某些景观类型支配景观的程度，反映了景观元素或生态系统在结构、功能以及时间变化方面的多样性。元谋景观优势度指数从 2008 年的 1.24 降至 2016 年的 1.21，表明优势景观面积的下降，其他非优势景观增加。由于水热条件失衡，较适合发育不同覆盖度的草地，因而草地是元谋的优势景观。草地的减少和林地、耕地、建设用地的增长打破了草地为主的景观的优势度，因而优势度指数下降。

(3) 景观均匀度指数反映了景观斑块在空间的聚集状态。均匀度指数越大，表明景观斑块分布趋于均匀化。元谋景观均匀度指数由 2008 年的 0.64 增加至 2016 年的 0.66，表明景观斑块在空间上的集中分布一定程度上被打破，主要是受经济利益和生态环境保护双重因素的影响，不同的景观类型在空间上的竞争更为激烈，人为作用对土地利用类型的干预作用更为明显，使原有景观斑块在空间上的集聚分布被割裂。

(4) 景观破碎度表征研究区各种景观类型被分割的破碎程度，反映了由于自然和人为干扰所导致的景观格局由简单趋于复杂，景观异质性增强。景观破碎化增强通常是生物多样性下降的主要原因。2016 年元谋景观破碎化指数由 0.0016 增长至 0.0019，有较大幅度的变化，表明元谋景观破碎化程度加深。从自然本底条件看，元谋区域内地形变化快，自然斑块破碎，而人为干扰加强使土地利用类型变化频繁，导致景观斑块增多，进一步加深了斑块破碎化趋势，使景观结构复杂化，景观异质性增强，破坏了生态系统的完整性，影响了景观生态功能的发挥。

第六节 土地利用与景观格局结论

元谋干热河谷地貌复杂，地形破碎，具有山地景观的明显特征。元谋土地利用复杂的格局是自然因素和人为活动共同作用的结果。在长时间尺度下，自然因素奠定了元谋复杂的自然地理结构，成为元谋干热河谷土地利用格局的主导因素。而在短时间尺度上，尤其是近现代以来，人为干扰则成为主导因素。人类对干热河谷土地利用格局作用趋向于两面性，一方面，人类希望通过土地获得更多的经济利益和活动空间不断的变更土地利用方式，不合理的土地利用方式及人为干扰给元谋生态环境造成了影响，表现为过度垦殖导致土地退化、水土流失加剧等生态环境问题；另一方面，人类意识到无序的土地利用方式危害性，力图通过合理地利用自然环境及资源(如退耕还林还草、天然林工程、城市绿化工程的开展)实现土地利用及生态环境的可持续发展。本研究利用遥感和 GIS 技术对 2008 年及 2016 年的两期遥感影像的解译，获得土地利用信息，结合景观格局指数对景观水平的区域景观格局进行了分析，获得以下结论。

(1)元谋土地类型主要是草地、林地和耕地，其面积总和在 2008 年和 2016 年两个时期分别占区域面积比例的 90.39%和 90.54%。8 年来林地面积增长最多，增加了 64.24 km^2，草地面积缩减最为明显，减少了 98.59km^2。耕地、林地和建设用地呈现增长状态，草地、未利用地和水域面积均有缩减。元谋土地利用结构特征及其变化一方面反映了农业经济发展、城市不断扩张及人口增长刺激了耕地和建设用地面积的增加，另一方面也反映了水土保持综合治理和退耕还林工作对林地恢复作用。

(2)各种土地利用的转化状况不尽相同。草地向林地、耕地转出的面积远超过其逆向过程，这是草地减少的主要原因。建设用地和水域由于其自身的特点，其变化不及其他地类复杂。未利用地虽然面积比例小，但是变化较为频繁。建设用地的一个重要来源是耕地，各种工矿、居民用地及交通用地的扩张占用较多的耕地，这种状况在河谷坝区表现尤为明显。

(3)2016 年元谋的土地利用率为 97.24%，较 2008 年的 96.19%增加了 1.05%，表明元谋后备土地资源减少。土地垦殖率 8 年间提高了 1.72%，表明农业经济的发展对耕地面积增长的促进作用。由于农村和城市居民用地增长和交通和工矿用地扩张，土地建设利用率增加了 0.97%。林草覆盖率的比例下降了 1.87%，但仍然是元谋的主要地类。2008～2016 年草地的土地利用程度综合指数变动较大，减少了 9.7，而林地、耕地、建设用地的综合指数都趋于增加，分别增加 4.90、5.52 和 3.88。林地、耕地和建设用地的状态指数分别为 0.26、0.22 和 0.70，这三种土地利用类型都有增加，转入面积大于转出面积，建设用地转入态势明显。草地、未利用地和水域的状态指数分别为−0.32、−0.65 和−0.15，表明这三种土地利用类型转出面积大约转入面积，未利用地转化为其他地类的态势明显。

(4) 2008～2016 年元谋景观斑块数目(*NP*)由 31801 个增加到 37740 个，增加了 18.7%。元谋斑块的平均面积由 2008 年的 0.064 km^2 下降到 2016 年的 0.054 km^2，平均斑块面积减小。元谋景观多样性指数呈上升的趋势，从 1.65 增至 1.71，表明受人类活动影响，各景观类型面积差异缩小，而复杂程度增加。景观优势度指数从 1.24 降至 2016 年 1.21，表明元谋的优势景观面积的下降，其他非优势景观的增加。景观均匀度指数从 2008 年的 0.64 增至 2016 年的 0.66，说明景观斑块的空间分布更朝均匀化发展，斑块的聚集特征被打破，不同的景观类型在空间上的竞争更为激烈。景观的破碎化指数由 2008 年的 0.0016 升至 2016 年的 0.0019，表明景观破碎化程度加深，反映人为干扰的加强以及景观结构的复杂化。

第四章　干热河谷地区植被覆盖度时空演化

植被是干热河谷生态系统的重要组成部分，是干热河谷山地物质、能量交换和循环的生态纽带。植被提供了土壤保护、气候调节、水源涵养等基本生态服务功能，且通过截留降雨量保持土壤水分含量稳定，是干热河谷水土保持的关键因子，对维护干热河谷生态安全有重要作用。植被覆盖度是反映地表植被覆盖状况的一个基础参数，分析植被覆盖度的时空演化特征，研究其影响因素，有利于深入研究干热河谷生态环境及区域生态安全状况。本研究以多期 Landsat 遥感数据和 ASTER GDEM 为主要数据源，以 GIS、RS 空间统计学和多元统计方法为理论和方法支撑，分析不同时序区域植被覆盖度的空间格局，基于采样点植被覆盖度标准差和回归斜率研究植被覆盖度时空演化特征，进而以 GWR 探索高程因素对植被覆盖度的影响。

第一节　遥感预处理与植被覆盖度的提取

一、遥感预处理

为消除遥感影像中的噪声，对原数据进行几何精校正，并利用 ENVI 中的波段处理函数 Bandmath 剔除存在的异常值，确保归一化植被指数(normalized difference vegetation index，NDVI)在[-1，1]。

二、植被覆盖度的提取

NDVI 是植被遥感中最常见的指示因子，能利用近红外波段与红外波段的特性反映植被所处的生长状态，在以往的研究中常用于指示地表植被覆盖状况。植被覆盖度与 NDVI 之间具有显著的线性相关关系，因此植被覆盖度研究中常通过建立二者之间的转化关系提取植被覆盖度，以像元二分法对植被覆盖度进行估算(张世文等，2016)。

$$\mathrm{NDVI}=\frac{\mathrm{NIR}-R}{\mathrm{NIR}+R} \tag{4-1}$$

式中：NIR 和 R 分别表示近红外波段和红色波段的反射值。

像元二分模型利用像元线性分解模型计算植被覆盖度，假设每个像元的 NDVI 值由植被和土壤两部分合成，植被覆盖度的计算公式(张世文等，2016)如下：

$$\mathrm{VFC}=\frac{\mathrm{NDVI}-\mathrm{NDVI}_z}{\mathrm{NDVI}_z+\mathrm{NDVI}_t}\mathrm{NDVI}_t \tag{4-2}$$

式中：$NDVI_z$为植被覆盖部分的 NDVI 值，$NDVI_t$为土壤部分的 NDVI 值，VFC 为植被覆盖度。目前对 $NDVI_z$和 $NDVI_t$没有固定的取值方法，因此取值方法在不同的研究者及研究目的上体现出较大差异性。一些研究者将研究区的 $NDVI_z$和 $NDVI_t$设为某个定值，以此来计算 VFC 值(刘军会等，2013；李双双等，2012；胡玉福等，2015)。

目前常见的方法是通过分析遥感影像上的 NDVI 的灰度分布，以 0.5%置信度截取 NDVI 的上、下阈值分别近似代表 $NDVI_z$和 $NDVI_t$。由于此种方法简单便捷，且在植被覆盖度估算中误差较小，成为研究者广泛应用的方法。本研究也应用此种方法，在实际计算过程中取 NDVI 计算过程中的最大值和最小值分别代替 $NDVI_z$和 $NDVI_t$，则干热河谷植被覆盖度的计算公式演化成如下模型(张世文等，2016)：

$$VFC = \frac{NDVI - NDVI_{min}}{NDVI_{max} + NDVI_{min}} \tag{4-3}$$

式中：$NDVI_{max}$和 $NDVI_{min}$分别为研究区内 NDVI 的最小值和最大值。

提取植被覆盖度后需要验证植被覆盖度的精度，通过将 2008 年、2010 年、2012 年、2014 年和 2016 年的遥感图像与计算的植被覆盖度进行套合对比可知，发现植被覆盖度与遥感影像分类表现出一致性，表明以上处理方法能够满足精度的要求。

利用式(4-1)～式(4-3)提取研究区 2008～2016 年的植被覆盖度(图 4-1)。研究区 2008 年、2010 年、2012 年、2014 年和 2016 年植被覆盖度的均值分别为 0.562、0.586、0.494、0.578、0.566，植被覆盖度总体值偏低，而 2012 年的植被覆盖度值显著偏低，其余各年份差别不大，表明元谋干热河谷的植被状况除个别年份有波动外，总体情况稳定。

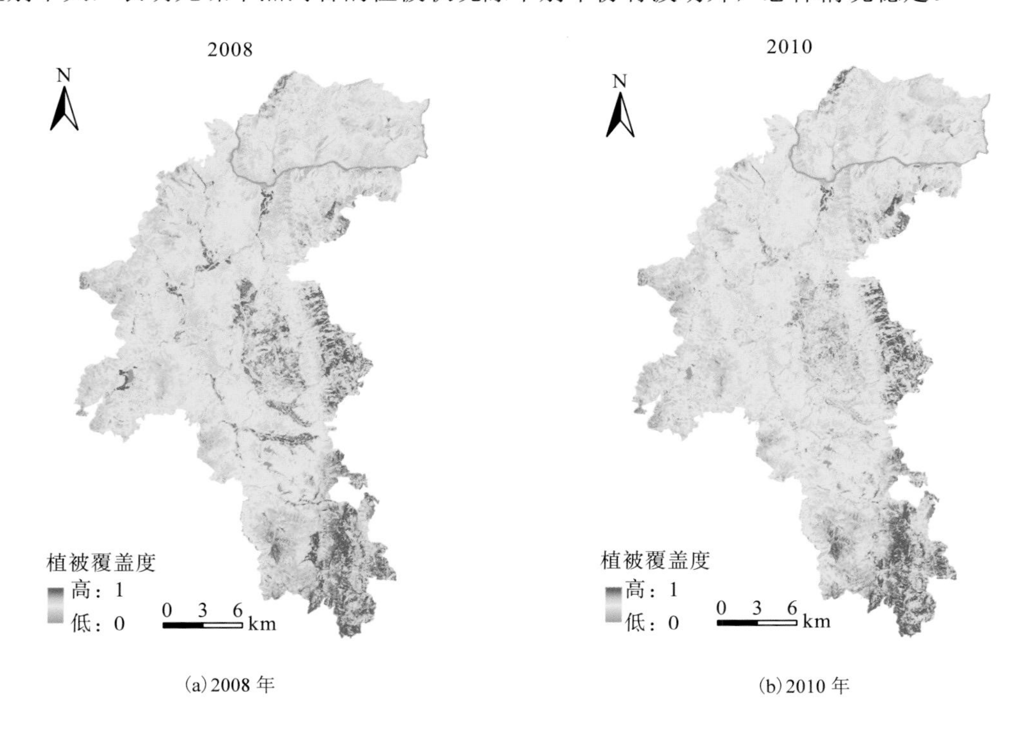

(a)2008 年　　(b)2010 年

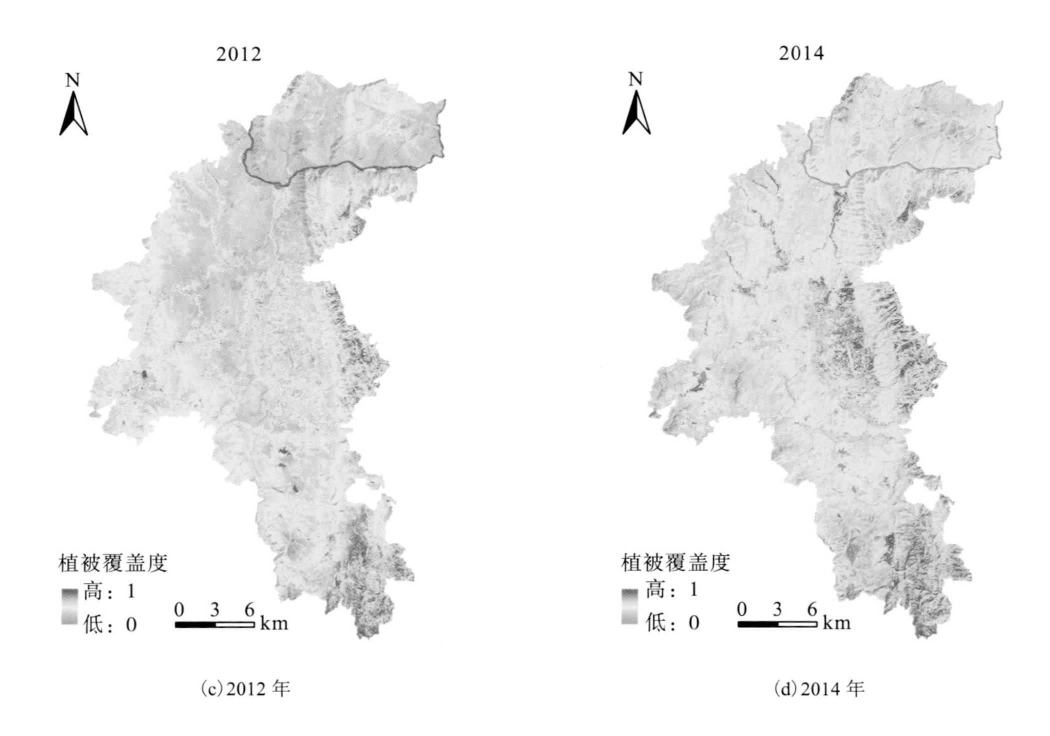

(c) 2012 年 (d) 2014 年

(e) 2016 年

图 4-1 2008～2016 年研究区植被覆盖度

第二节　植被覆盖度的空间格局

为了更好地反映植被覆盖的变化情况，参照《土地利用现状调查技术规程》(1984)、《土壤侵蚀分类分级标准》(SL190—2007)及相关文献(穆少杰等，2012；胡玉福等，2015；张世文等，2016)，确定研究区的植被覆盖度(fractional vegetation cover，VFC)分类标准及其对应的景观类型(表 4-1)。VFC 值越大，表明植被覆盖度越大，植被生长状况越好。

提取 2008～2016 年间 5 个年份研究区的 VFC 值。对研究区植被覆盖度的整体空间格局及特定剖面上植被覆盖度的空间差异性进行分析。5 个年份研究区植被覆盖度的整体空间格局保持了基本的一致性，即以龙川江河谷和金沙江河谷为界表现出东高西低、南高北低，自河谷坝区向中高山呈现中低—低—中—中高的整体空间格局(图 4-2)。

表 4-1　植被覆盖度分级标准及对应景观类型

代码	植被覆盖度值范围	植被覆盖度等级	对应的景观类型
I	[0.75，1.0)	高覆盖度	草地，林地
II	[0.55，0.75)	中高覆盖度	草地，林地
III	[0.40，0.55)	中覆盖度	草地，旱地
IV	[0.15，0.40)	中低覆盖度	草地，建设用地，未利用地
V	[0，0.15)	低覆盖度	水域，未利用地

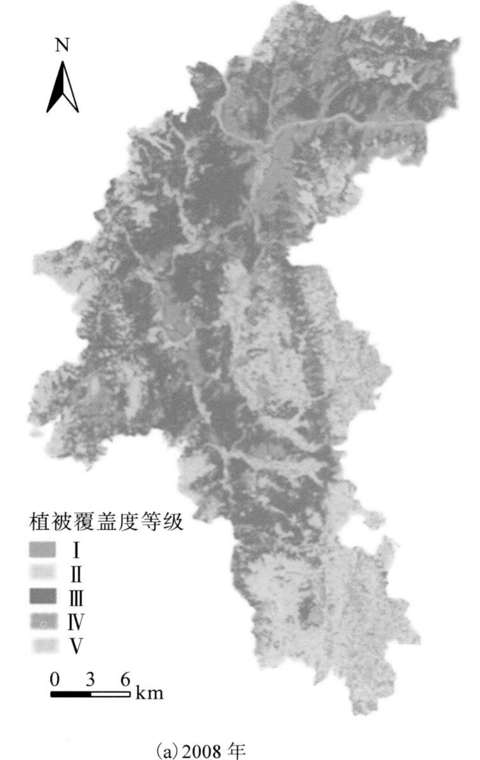

(a) 2008 年

(b) 2010 年

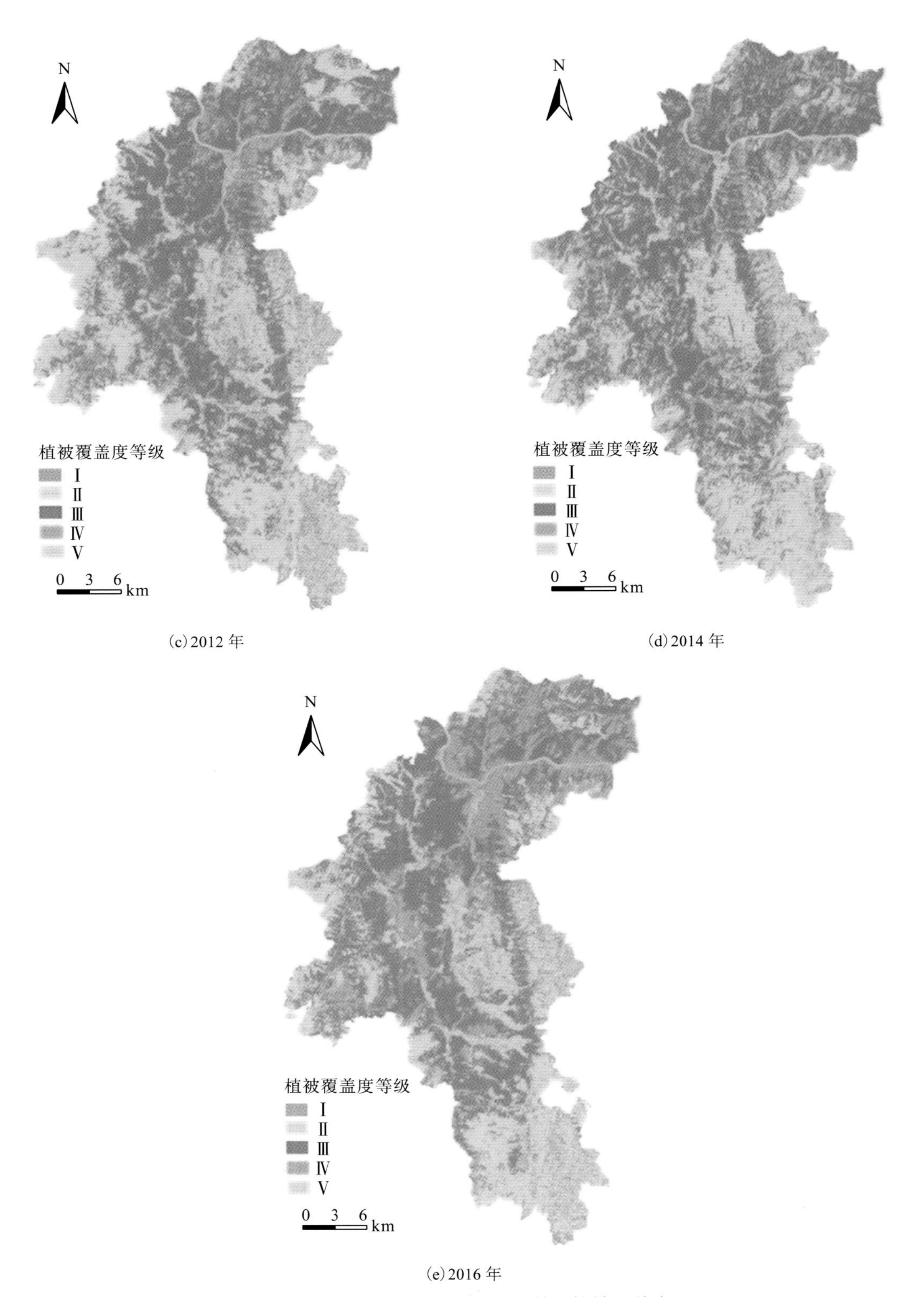

(c) 2012 年

(d) 2014 年

(e) 2016 年

图 4-2　2008～2016 年元谋不同等级植被覆盖度

为了研究植被覆盖度与地形变化的关系，自研究区西北角姜驿乡至东南角花同乡沿西北至东南方向提取一特定的地形剖面图，该地形剖面的空间格局特征是从海拔 1680m 的西北中低山、坝周低山下降至海拔 1100m 左右的河谷坝区后在东部迅速抬升至坝周低山、中低山至海拔 2600m 左右的中高山，垂直落差达 1500m 左右，呈现明显的西低东高的高山河谷断面特征(图 4-3)。

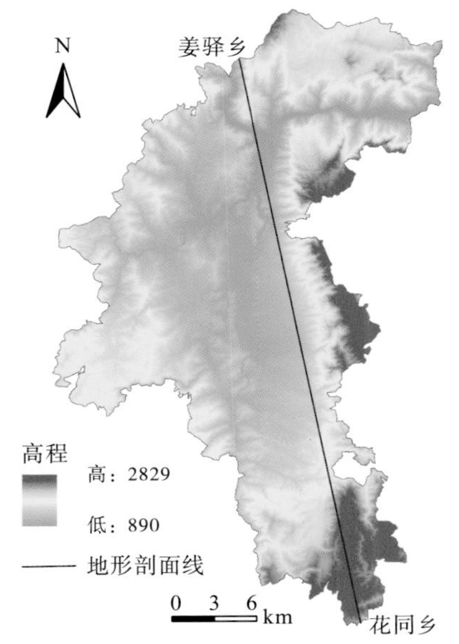

图 4-3　地形剖面取样(从姜驿乡至花同乡)

提取这个剖面 2008～2016 年间的植被覆盖度值，发现植被覆盖度的波形变化与地势走向表现出一致性，东部中低山和坝周低山的植被覆盖度值明显高于西部中低山和坝周低山区。各个高程带的空间地带差异性明显，河谷坝区的波峰和波谷值相差最大(0.50 左右)，表明河谷坝区植被覆盖度差异性最为显著；东南部中高山的波峰和波谷值相差较大(0.40 左右)，表明此处的植被覆盖度差异性较为明显；西部中低山和坝周低山区的波峰和波谷值相差较小(0.30 左右)，植被覆盖度差异性较小，表明此处的植被覆盖度差异性不大(图 4-4)。

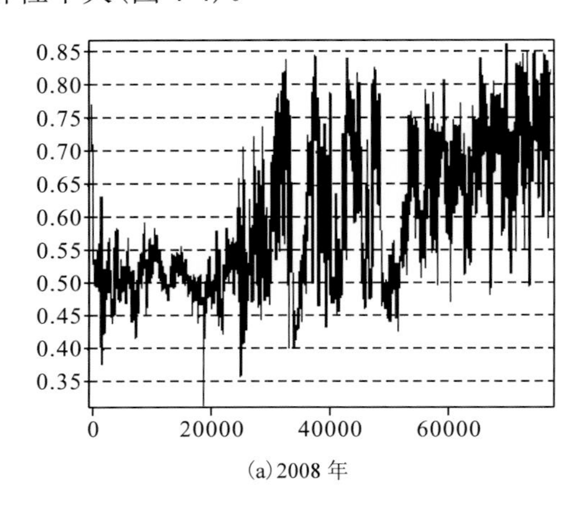

(a)2008 年

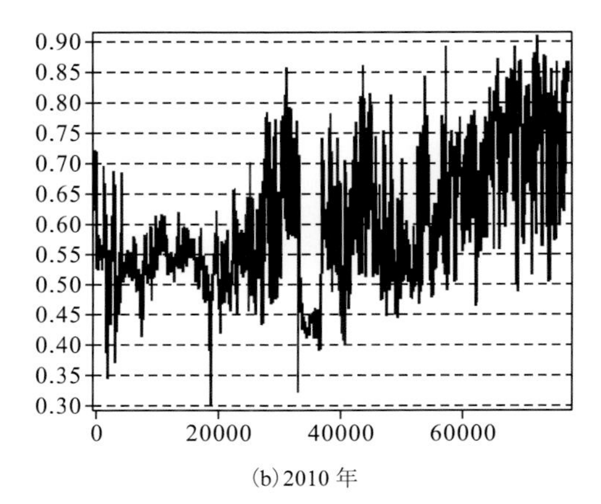

(b)2010 年

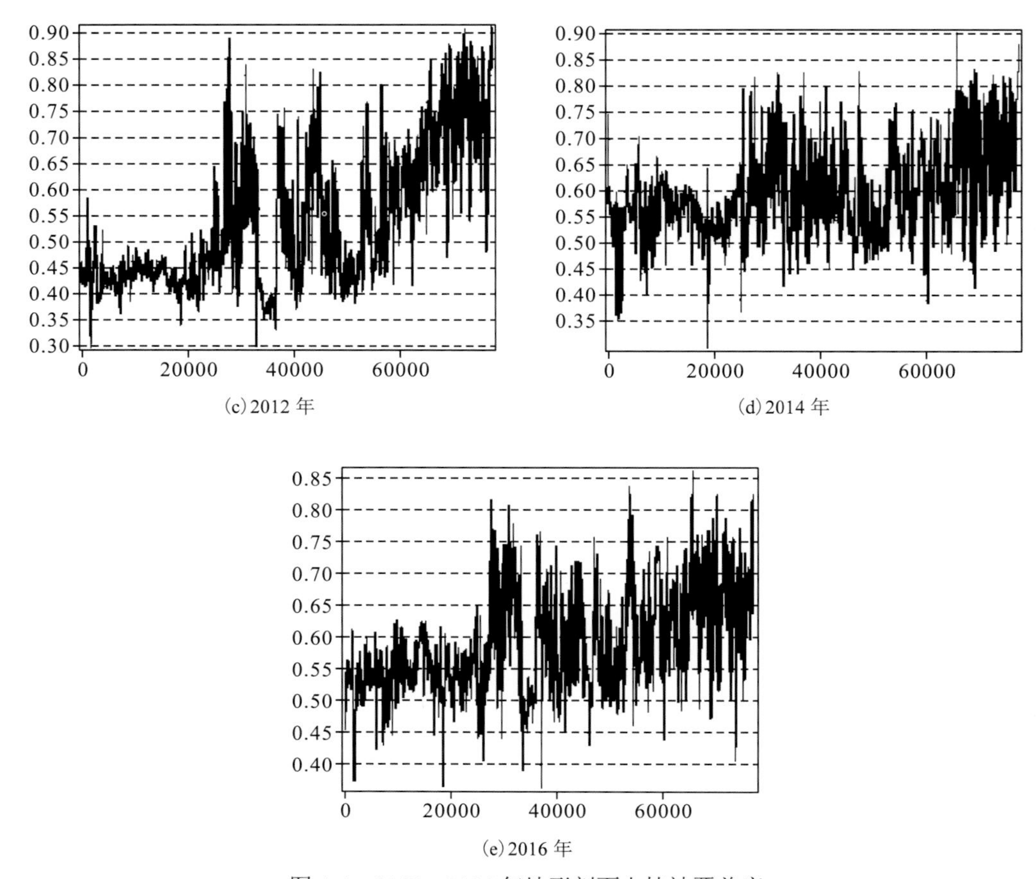

(c)2012 年

(d)2014 年

(e)2016 年

图 4-4 2008～2016 年地形剖面上植被覆盖度

研究不同高程带各等级植被覆盖度构成的差异性(图 4-5)。Ⅰ级和Ⅱ级植被覆盖度主要分布在龙川江中段沿岸的河谷区及东部、南部和西部边缘中高山区域。龙川江中段以东沿岸河谷属于干热河谷坝区稀树农田带，多发育河漫滩和一级阶地，地势平坦，水源及灌溉条件好，为元谋的农业主产区。目前已建成高效的农业生态系统，水田及蔬菜园地集中分布于此，植被覆盖度较高。中高山区Ⅰ级和Ⅱ级植被覆盖度的面积分别占区域Ⅰ级和Ⅱ级植被覆盖度的面积的 60%和 50%以上[图 4-5(a)和图 4-5(b)]，植被状况较好。海拔在 1600m 以上的中高山地带从亚热带山区逐渐过渡到暖温带山区，海拔的升高使水热条件明显改善，植被类型从云南松(*Pinus yunnanensis*)等滇中高原树种逐渐过渡到亚热带半湿润常绿阔叶林与松林。海拔 1600～2000m 的区域主要的植被种类为云南松、旱冬瓜(*Alnus nepalensis*)等乔灌木以及一些草本种类。海拔 2500m 以上地区的植被以云南松为主，其次为滇栲(*Castanopsis diversifolia*)和马缨花(*Rhododendron delavayi Franch*)针阔叶混交中幼林。

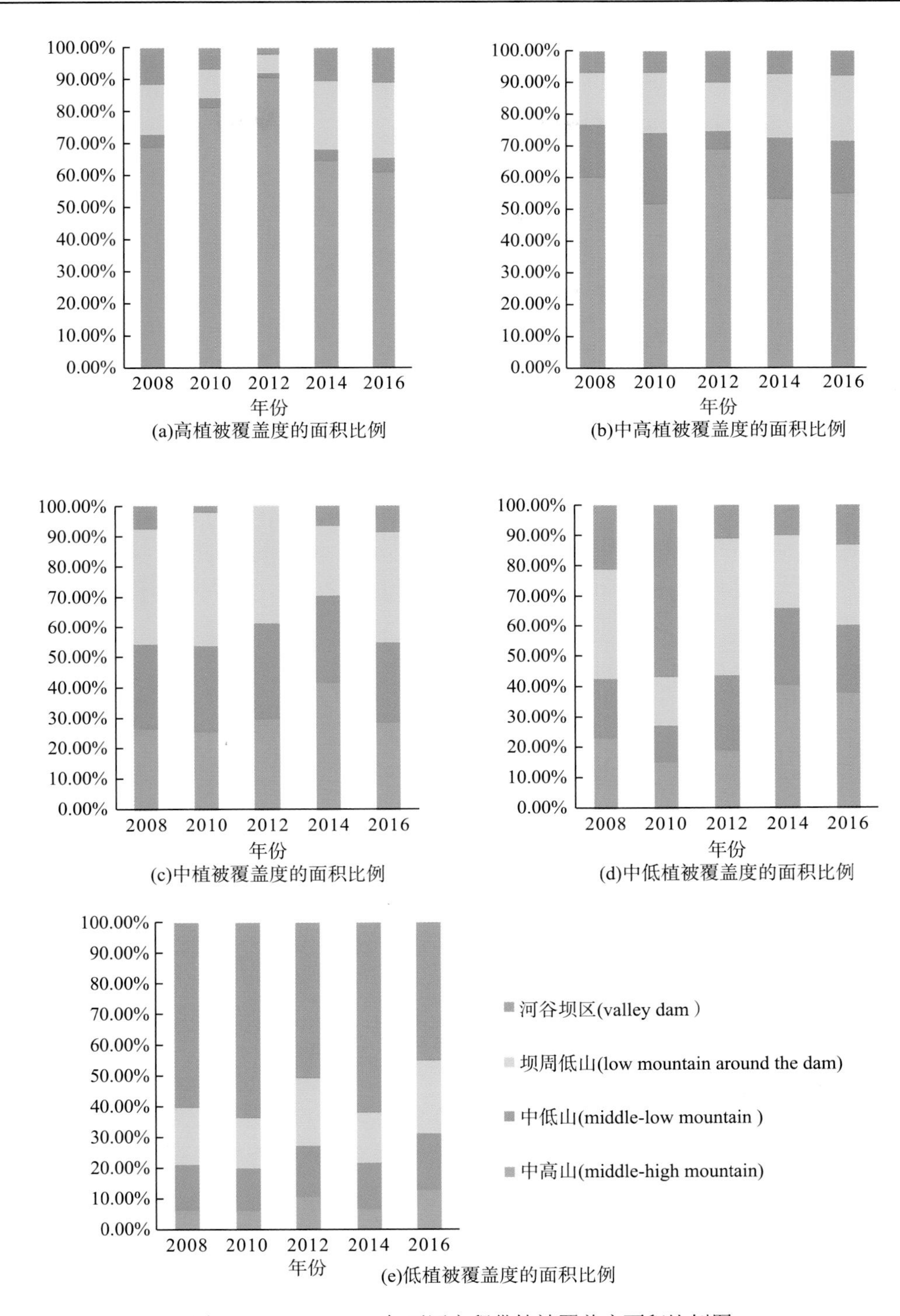

图 4-5　2008～2016 年不同高程带植被覆盖度面积比例图

坝周低山区和中低山区III级和IV级植被覆盖度的面积分别占区域III级、IV级植被覆盖度总面积比例的 70%～80%，植被覆盖状况较差[图 4-5(c)和图 4-5(d)]。坝周低山带为被沟谷强烈切割的低山、阶地。该地带具有典型的干热河谷气候，气候炎热干燥，降水蒸发比极为失衡。植被类型属于河谷型 Savanna 植被类型，具有荒漠化植被的特点。自然植被强烈退化，形成以扭黄茅—车桑子（*Heteropogen contortus-Dodonaea viscosa*）群落为基带的稀树灌木草丛，以禾草类植被为主，其中也有少许灌木和乔木的分布，以至于该地带的植被覆盖率较低，植被生态状况差；坝周低山地带的II级植被覆盖度类型主要为旱地，占据了坝周低山坡度较为平缓的地带。干热河谷坝周低山由于靠近河谷坝区，成为各种土地利用类型集中争夺的焦点区域。本地带属于典型干热河谷气候，用水条件不及河谷坝区，受水热组合条件、生态用水条件的制约及放牧、垦殖等人类活动强烈的影响，该地带水土流失和生态环境退化严重，成为干热河谷地区生态环境最脆弱地带。中低山为元谋盆地两侧山地的下端，是干热河谷与温暖山区的过渡类型。植被类型以稀树灌木草丛，非泥岩山地林灌成分较多，有少量的云南松和桉树（*Eucalyptus*）。散生乔木树种主要有山合欢（*Albizszia kalkora*）、滇榄仁（*Terminalia faranchetii*），灌木以车桑子（*Dodonaea viscosa*）、华西小石积（*Osteometes Schwerinae*）和清香木（*Pistacia weinmannifolia*）为主，其次有黄荆条（*Heteropogon contoutus*）和余甘子（*Phyttanthus emlica*），草本植物有扭黄茅（*Heteropogen contortus*）和毛臂形草（*Brachiaria villisa*）等。该地带植被覆盖状况与坝周低山虽具有一定的相似性，但由于地势升高，水热条件好于坝周低山带，且人为干扰程度不及坝周低山区，植被生态状况稍优于坝周低山区，但仍然较为脆弱。因龙川江和金沙江在河谷坝区横穿而过，因而河谷坝区水域面积较多，导致V级覆盖度主要分布在河谷坝区（占比 60%以上），河谷坝区Ⅳ级植被覆盖度的面积比例在 20%左右，主要是因为城镇化进程加快使建设用地等人工用地增多[图 4-5（e）]。

第三节　植被覆盖度变化时间特征

一、植被覆盖度总体变化

元谋 2008 年、2010 年、2012 年、2014 年和 2016 年植被覆盖度的均值分别为 0.562、0.586、0.494、0.578 和 0.566，植被覆盖度均值总体上偏低，2012 年植被覆盖度值更是显著偏低，其余各年份差别不大。植被覆盖度总体结构呈现“两头小、中间大”的局面。植被覆盖度以Ⅱ级、Ⅲ级为主，二者之和占总面积的 80%以上，其余各等级的比例小。各等级所占面积在不同年份间差异性大，Ⅳ级植被覆盖度的变异系数最大。从年际变化看，Ⅱ级、Ⅲ级、Ⅳ覆盖度的面积分别增长 13.92%、9.25%和 14.39%，Ⅰ级、Ⅳ植被覆盖度分别减少 67.94%和 41.83%。

表 4-2　研究区植被覆盖度等级变化

等级	植被覆盖度面积/km^2					变化值	平均面积百分比/%	标准差	变异系数 /%	覆盖度面积增长率/%
	2008 年	2010 年	2012 年	2014 年	2016 年					
Ⅰ	141.91	166.77	83.69	79.65	45.49	−96.42	5.12	99.02	95.68	−67.94
Ⅱ	494.65	616.55	273.1	665.87	563.49	68.84	25.86	306.67	58.67	13.92

续表

等级	植被覆盖度面积/km²					变化值	平均面积百分比/%	标准差	变异系数 /%	覆盖度面积增长率/%
	2008 年	2010 年	2012 年	2014 年	2016 年					
III	1175.07	1124.34	767.14	1141.11	1283.78	108.71	54.34	391.08	35.60	9.25
IV	194.47	100.26	873.07	120.68	113.13	−81.34	13.86	667.00	238.10	−41.83
V	15.36	13.54	24.26	14.15	17.57	2.21	0.82	8.78	53.07	14.39

二、植被覆盖度的转移矩阵

从表 4-3 中可以看出，2008 年(基年)和 2016 年(末年)研究区总转入转出面积为 1240.60 km²，占区域总面积的 61.03%，表明植被覆盖度各等级转换较为频繁。Ⅰ级有 95.19 km² 向Ⅱ级植被覆盖度转移，虽然等级只降一级，退化程度不太严重，但是退化面较广。中高山的Ⅰ级植被覆盖度比例最高，Ⅰ级植被覆盖度大面积的退化表明中高山植被生态状况的退化。Ⅱ级向Ⅲ级植被覆盖度转移的面积为 183.74 km²，Ⅲ级向Ⅱ级植被覆盖度转移的面积为 162.56 km²，Ⅱ级和Ⅲ级植被覆盖度相互转移面积最多，是转化最为活跃的两个等级，表明这两个等级状态不稳定。Ⅳ级有 106.15 km² 向Ⅲ级植被覆盖度转化但，大于其逆向转化过程，表明Ⅳ级植被覆盖度得到较大程度改善。

表 4-3　研究区植被覆盖度转移矩阵　　单位：km²

等级		2016 年					总面积	转移面积
		I	II	III	IV	V		
2008 年	I	32.66	95.19	14.65	0.19	0.01	142.71	110.05
	II	9.72	302.12	183.74	1.84	0.01	497.43	195.31
	III	2.03	162.56	986.24	30.33	0.52	1181.69	195.44
	IV	1.32	6.78	106.15	77.85	3.47	195.56	117.72
	V	0.01	0.01	0.22	1.55	13.66	15.45	1.79
	总面积	45.75	566.66	1291.01	111.76	17.67	2032.84	620.31
	转移面积	13.08	264.54	304.77	33.91	4.01	620.28	1240.60
	转移比例/%	2.11	42.64	49.13	5.47	0.65		

三、植被覆盖度地带性变化特征

2008～2016 年各高程带的不同等级覆盖度的面积比例变化状况不尽相同(图 4-6)。Ⅴ级植被覆盖率的面积比例在各高程带均保持较为平稳的状态。Ⅰ级植被覆盖度的面积比例在中高山下降约 15%，在中低山和坝周低山由于比例过小变化不明显，在河谷坝区变化幅度处于 10%以内。Ⅱ级植被覆盖度变化在各高程带均表现出一致性，以 2012 年为波谷，呈对称形状，中高山和中低山的变化幅度在 25%以内，坝周低山和河谷坝区的变化幅度在 15%以内。Ⅲ级植被覆盖度在中高山区变化较为平缓，在中低山呈 V 形，以 2012 年为波谷，变化幅度在 25%以内。坝周低山Ⅲ级植被覆盖度也成呈 V 形，变化幅度达到了 45%。河谷坝区Ⅲ级植被覆盖比例变化以 2010 年为分界点，先较大幅度的下降后显著提升，变化幅度接近50%。Ⅳ级植被覆盖比例在各高程带均呈倒V型，以2012年为波峰，在中高山的变化幅度约为20%，在中低山约为40%，在坝周低山约为60%，在河谷坝区约为50%。从变化方向和趋势来看，除中高山地带以外，各高程Ⅲ级、Ⅴ级植被覆盖度相互转化特征比较明显。2012年是一个关键年份，Ⅱ级植被覆盖度、Ⅰ级植被覆盖度的值均位于最低点，而Ⅴ级植被覆盖度达到峰值，使得2012年植被覆盖度均值明显偏低(五年中最低值)。从变化幅度来看，坝周低山和河谷坝区各等级覆盖度的面积比例变化大，这两个地带属于元谋的干热河谷区，是人类活动的主要活动范围，人类活动影响强度大，各等级植被覆盖度的面积比例变化大正是频繁人为干扰影响的结果。

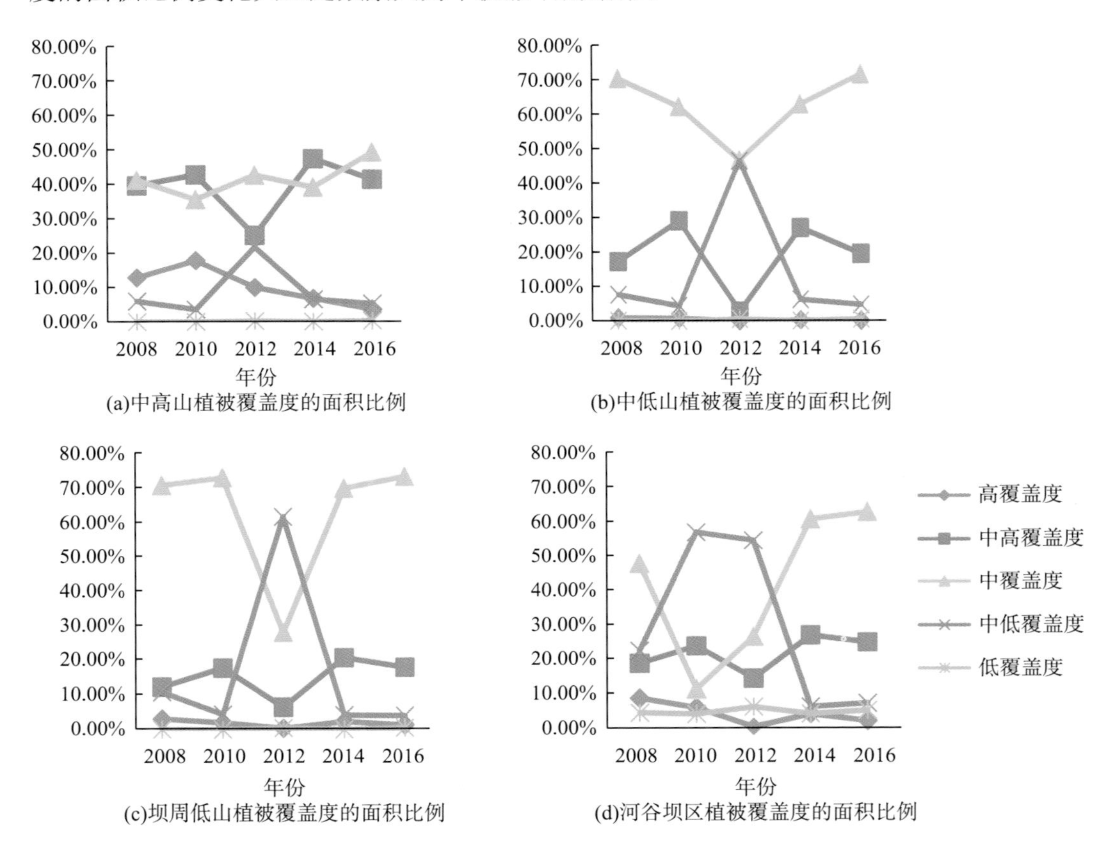

(a)中高山植被覆盖度的面积比例

(b)中低山植被覆盖度的面积比例

(c)坝周低山植被覆盖度的面积比例

(d)河谷坝区植被覆盖度的面积比例

图4-6 2008～2016年各高程带不同等级的植被覆盖度的面积比例

四、植被覆盖度的年际波动

受自然和人为活动双重干扰因素的影响，研究区植被覆盖度年际间存在着波动状况，反映了不同年份间植被覆盖度的差异性。年际间植被覆盖度波动值越大，植被覆盖度状况就越不稳定，植被受外界的干扰就越严重(穆少杰等，2012；张世文等，2016)。采用年际间植被覆盖度标准差(standard deviation，SD)反映研究区5个年份间的植被覆盖度的波动状况。为了更好地获取植被覆盖度年际波动状况的空间特征，以覆盖研究区范围的等面积网格对研究区进行空间采样，以采样网格中包含像素的植被覆盖度均值作为该网格点的植被覆盖度值，计算每个网格的植被覆盖度值，进而计算各年份之间的植被覆盖度的标准差，其具体公式(张世文等，2016)如下：

$$\mathrm{SD}=\sqrt{\sum_{i=1}^{n}x_i^2-\frac{1}{n}\left(\sum_{i=1}^{n}x_i\right)^2} \tag{4-4}$$

式中：x_i为采样网格点的植被覆盖度值。

研究区年际间植被覆盖度标准差(SD)为0～0.541，以Breakpoint法分为5个级别，即低幅度(0～0.074)、中低幅度(0.075～0.109)、中幅度(0.110～0.153)、中高幅度(0.154～0.238)和高幅度(0.239～0.541)，各等级的面积分别占研究区总面积的21.76%、38.38%、30.13%、9.6%和0.13%，中幅度及以下等级的面积占研究区总面积比例的90%以上，表明绝大多数区域植被覆盖度年际间变化幅度不大。

北部中高山区植被覆盖度年际波动以中幅度为主，东部、南部、西南部中高山区以中低和低幅度为主，中低山总体以中低幅度为主，但西部和北部的中低山波动状况略高于东部中低山。坝周低山区植被覆盖度年际波动整体以中和中高幅度为主，且在区域方向上的差别小，表明坝周低山的植被覆盖度变化幅度较大。河谷坝区的北部植被覆盖度年际波动以中幅度为主，中部以中高幅度为主，下部则以中低幅度和低幅度为主。坝周低山和河谷坝区中段和上段植被覆盖度标准差的空间形态较为破碎，难以形成均质化片区，表明这两个地带植被覆盖度变化复杂(图4-7)。

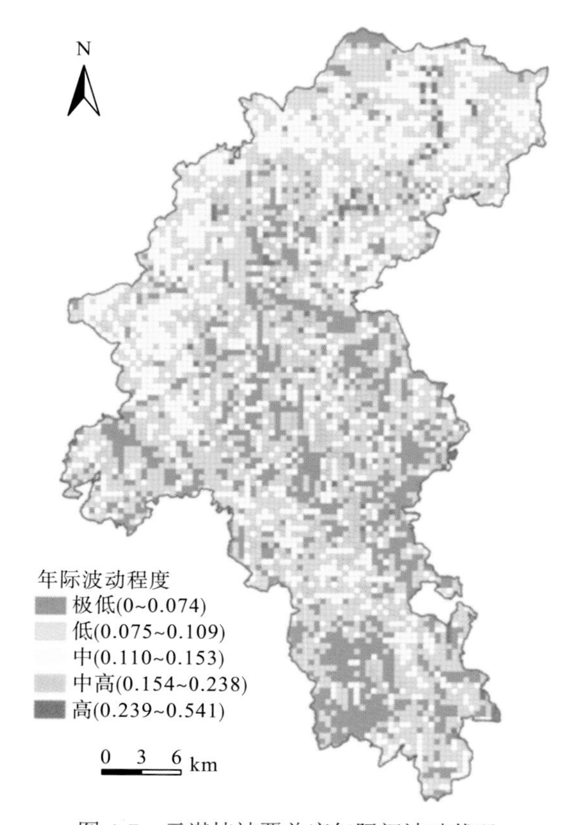

图4-7　元谋植被覆盖度年际间波动状况

五、植被覆盖度的变化趋势

以采样网格点植被覆盖度值作为因变量，以年份作为自变量，在不同时相的每个网格点上进行线性回归，得到拟合回归直线斜率 θ_{slope}(张世文等，2016)。θ_{slope} 斜率的正负极性反映了植被覆盖度的变化趋势。当拟合线性回归直线斜率 θ_{slope} 大于 0，表明植被覆被盖度呈增长趋势，反之则呈减少趋势。采用拟合相关系数 r 来判定变化趋势的显著性，r 的正负分别表示植被覆盖度随时间线性增加和减少趋势，用 t 分布检验 2 个变量相关性及其显著水平(张世文等，2016)。

$$\theta_{slope}=\frac{\sum_{i=1}^{n}x_i t_i-\frac{1}{n}\left(\sum_{i=1}^{n}x_i\right)\frac{1}{n}\left(\sum_{i=1}^{n}t_i\right)}{\sum_{i=1}^{n}t_i^2-\frac{1}{n}\left(\sum_{i=1}^{n}t_i\right)^2} \tag{4-5}$$

$$r=\sqrt{\frac{\sum_{i=1}^{n}t_i^2-\frac{1}{n}\left(\sum_{i=1}^{n}t_i\right)^2}{\sum_{i=1}^{n}x_i^2-\frac{1}{n}\left(\sum_{i=1}^{n}x_i\right)^2}}\theta_{slope} \tag{4-6}$$

式中：θ_{slope} 为拟合回归直线斜率；x_i 是第 i 年植被覆盖度；t_i 为年份；r 为相关系数；n 为总年数；本研究取 $n=5$。

元谋植被覆盖度呈增加和减少的面积比例为 10∶9，正向变化(即呈增加趋势)区域面积略大于负向变化(即呈减少趋势)区域面积。θ_{slope} 比例为-0.0447～0.0574(图 4-8)。显著性 t 检验结果显示，相关系数为-0.665～0.633，θ_{slope} 的相关性并不显著，其他区间均表现出显著性。根据显著性 t 检验结果及 θ_{slope} 的正负性将变化趋势显著性分为 7 个等级：$\theta_{slope}<0$，$0.01<P<0.025$，本研究将其命名为“较极显著减少”；$\theta_{slope}<0$，$0.025<P<0.5$，显著减少；$\theta_{slope}<0$，$0.05<P<0.1$，处于显著和不显著之间，命名为“较显著减少”；$P>0.1$，无论正负均为不显著变化；$\theta_{slope}>0$，$0.01<P<0.025$，本研究将其命名为“较极显著增加”；$\theta_{slope}>0$，$0.025<P<0.5$，显著增加；$\theta_{slope}>0$，$0.05<P<0.1$，处于显著和不显著之间，命名为“较显著增加”。从植被覆盖度变化的显著性来看，负向显著性变化和正向显著性变化的区域面积分别占研究区面积的 9.132%和 6.794%，负向显著性变化区域面积大于正向显著性变化区域面积。

当 $\theta_{slope}<0$，相关系数 r 为-0.885～-0.855 通过了 0.025 的显著性检验，植被受损最为严重，属于较极显著变化，占全区总面积的 1.487%；相关系数 r 为-0.884～-0.795 通过了 0.5 的显著性检验，植被受损较为严重，属于显著减少，占全区总面积的 2.457%；相关系数 r 为-0.794～-0.666 通过了 0.10 的显著性检验，植被退化较为明显，属于较显著减少，占研究区总面积的 5.188%。较极显著减少和显著减少区域主要分布在南部中高山区和东部坝周低山，较显著减少除主要分布在上述两个区域外，在南部中高山也有分布。一直以来相较坝周低山区，中高山区植被状况更好，北部和南部中高山区高、中高植被覆盖度比

例降低，东部坝周低山的中、高覆盖度比例下降，表明这些区域植被生态状况恶化，干热河谷生态问题形势复杂化，需要引起关注(图 4-8)。

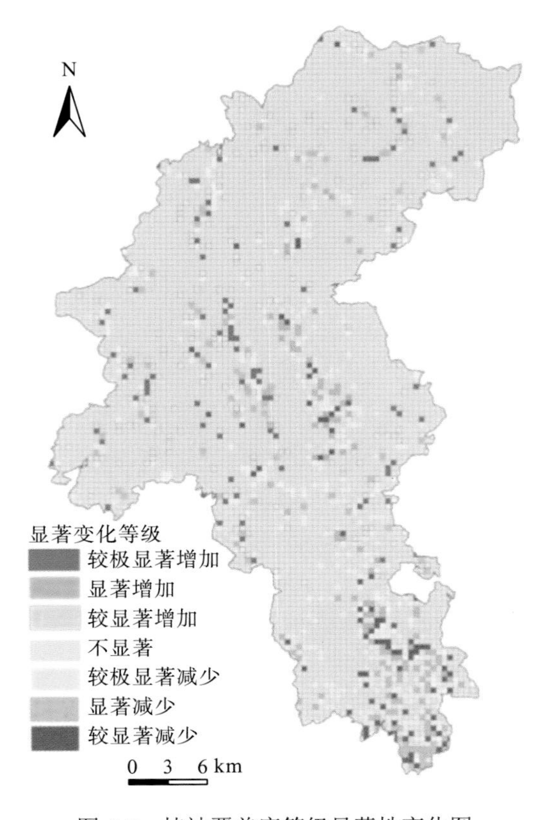

图 4-8　植被覆盖度等级显著性变化图

当 $\theta_{slope}>0$，相关系数 r 为 0.878～0.922 通过了 0.025 的显著性检验，植被改善最为明显，属于较极显著变化，占全区总面积的 1.540%；相关系数 r 为 0.783～0.877 通过了 0.5 的显著性检验，植被改善较为明显，属于显著增加，占全区总面积的 0.213%；相关系数 r 为 0.632～0.782 通过了 0. 10 的显著性检验，属于较显著增加，面积占全区总面积的 5.041%。较极显著增加和显著增加主要分布在西部坝周低山与河谷坝区交界处及金沙江沿岸的河谷地带，较显著增加主要分布在西部坝周低山、中低山、金沙江沿岸的河谷地带及南部和东部中高山。西部中低山和坝周低山是元谋植被覆盖状况较差的区域，近年来通过退耕还草、荒漠化治理、水土保持功能等生态修复工程使生态环境得到一定的改善。随着金沙江干热河谷坝区人工生态系统的不断完善，这一段坝区的植被状况好转。

第四节　基于 GWR 的高程因素分析

一、GWR 的高程模型构建

干热河谷植被覆盖度的变化受自然因素和人为因素的双重影响。在自然因素中，降水因素是最重要的因素之一，降水与植被覆盖度的相关系数为 0.720。干热河谷山高谷深，盆地内具有立体气候特点。高程是干热河谷主要的地形因素，高程因素通过影响降水对植被覆盖度产生影响。高程差异是引起降水差异的主要因素，例如龙川江旁的能禹镇平均海拔为 1200m(属干热河谷区)，其年降雨量达到 625.5mm，而与能禹镇相距仅 10km、地处山区的凉山乡平均海拔为 1800m(属中高山区)，其年降雨量却达到 883.2mm，可见盆地内小区域间不同高程的降雨量有着较大的差异性。高程是恒定基本地形因素，对降水的影响是稳定的。基于此认识，本研究认为高程因素对植被覆盖度的影响也应该保持一定的稳定性。若高程因素对植被覆盖度的作用力发生显著变化，则意味着其他非自然因素对植被覆盖度的作用力显著加强，即人为因素的加强。

在研究影响因素的作用力时，常用的方法有普通最小二乘法回归模型和地理回归模型。普通最小二乘法(Ordinary Least Square，OLS)模型基于全局平稳性假设通过最小误差平方和得出方程参数的估计值来定义因变量和自变量关系，这种假设方法抹杀了地理现象的变异性，因此 OLS 的方法并不适合具有地理空间异质的问题研究。针对地理现象的空间异质性特征，Fotheringha 提出了地理加权回归模型(geographically weighted regression model，GWR)。GWR 容许一些不平稳的数据直接被模拟，利用非参数估计方法进行局部参数估计。GWR 模型以特定区位的回归参数使用邻近数据的观测值来估计局部回归，这个变量随着空间位置的变化而变化，能够在较大程度上解决空间非平衡性(欧朝蓉等，2016)。

利用 GWR 模型探究高程因素对元谋干热河谷植被覆盖度的空间局部变化的影响。以元谋 90 个村级行政单元为研究单元，以 2008 年、2010 年、2012 年、2014 年和 2016 年村域地理单元的植被覆盖度均值为因变量，以村域高程均值为自变量，建立五个年份的村域植被覆盖度 GWR 模型，通过回归系数的变化研究不同时期植被覆盖度受高程因素影响的时空异质性。GWR 模型的公式(欧朝蓉等，2016)如下：

$$y_i = \beta_0(u_i, v_i) + \sum_k \beta_k(u_i, v_i)x_{ik} + \varepsilon_i \tag{4-7}$$

式中：y_i 表示研究单元的植被覆盖度；(u_i, v_i) 是第 i 个空间单元的地理中心坐标；$\beta_k(u_i, v_i)$ 是连续函数 $\beta_k(u, v)$ 在第 i 个空间单元的植被覆盖度值。

二、高程影响因素回归系数的空间异质性

计算 GWR 回归系数，采用“自适应”计核函数 AICc 带宽方法进行局域估计计算结果。从表 4-4 中可以看出 AICc 值较小，R 和调整 R^2 均在 0.680 以上，AICc 值都是较小的负值，说明各年份 GWR 模型拟合效果较好。而从表 4-5 中可以看出，回归系数各项值均为正值，表明高程因素对植被覆盖度的促进作用体现出一致性。除 CV 外，各项系数以

2012 年分界点明显变小。

表 4-4　地理回归模型回归系数统计

年份	宽带	残差平方和	有效数	赤池值	R^2	调整 R^2
2008	9968.749	0.068	26.023	−336.939	0.834	0.769
2010	9368.560	0.050	28.197	−348.079	0.845	0.777
2012	8875.010	0.055	30.234	−343.711	0.898	0.848
2014	9006.362	0.028	27.298	−414.307	0.778	0.685
2016	10327.000	0.027	24.869	−424.081	0.780	0.699

表 4-5　地理回归模型参数统计

年份	最大值	最小值	上四分位	下四分数	均值	中值	全距	CV 变异系数
2008	0.098	0.010	0.0354	0.0622	0.0486	0.0489	0.088	0.391
2010	0.097	0.011	0.0377	0.0616	0.0500	0.0532	0.076	0.338
2012	0.100	0.018	0.0434	0.0792	0.0614	0.0639	0.082	0.331
2014	0.048	0.010	0.0184	0.0336	0.0261	0.0271	0.038	0.360
2016	0.040	0.003	0.0122	0.0296	0.0204	0.0195	0.037	0.476

三、高程因素回归系数的时间演变

从图 4-9 中可以看出，2008～2016 年的高程因素的 GWR 空间结构总体上保持了一定的稳定性，随年份变化又有一定差异性。总体上高程因素的回归系数呈现南高北低，东高西低，从西北至东南逐渐提升的空间格局。元谋西部山区海拔平缓升至 1800m，西部山区主要为坝周低山和中低山，而元谋东部山区海拔陡升至 2600m，雨季西南季风带来大量的雨水，在迎风坡易形成地形雨。因而即使高程相同，处于迎风坡的东部坝周低山和中低山的降水量高于处于背风坡的西部坝周低山和中低山。加上地形的陡然抬升，使气温降低迅速，蒸发量减少，东部坝周低山和中低山水热组合条件好于西部，因而高程因素对东部山区的促进作用更强。元谋北部中高山区海拔低于东部和南部山区，处于背风坡，蒸发量高于南部，而降水量低于南部山区，因而高程的提升对植被覆盖度的作用不及南部山区。东部的中高山区比例远大于西部，降水量明显高于西部，因而东部山区高程因素对植被覆盖度的促进作用明显强于西部。2008～2016 年高程影响因素 GWR 回归系数发生明显变化。2012 年之前，各项值均保持了一定的稳定性。高程影响因素回归系数的最大值为 0.100，出现在 2012 年，其余最小值均出现在 2016 年。

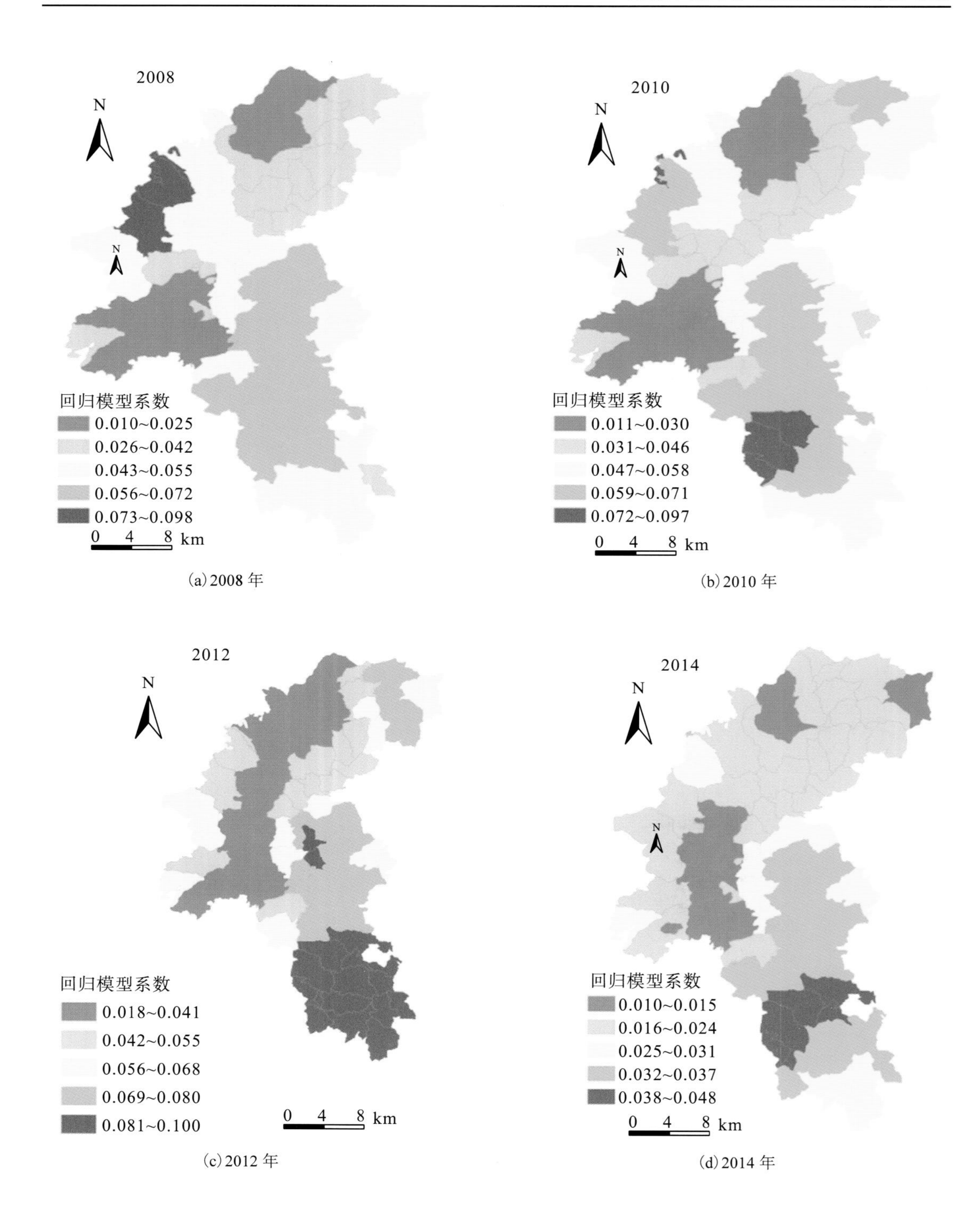

(a) 2008 年　(b) 2010 年

(c) 2012 年　(d) 2014 年

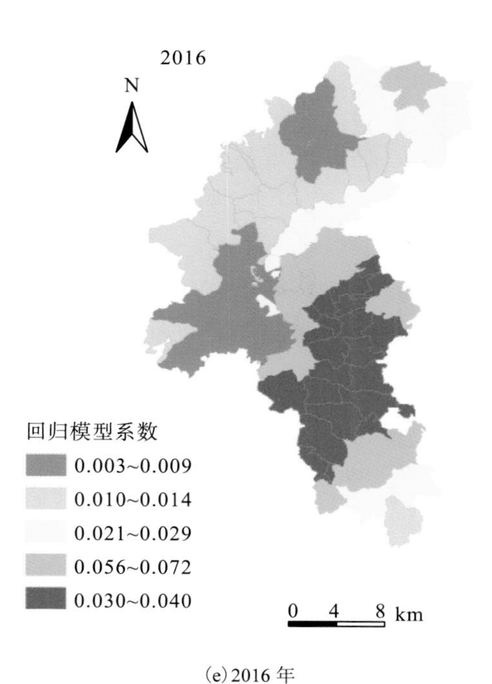

(e)2016 年

图 4-9　地理回归模型系数及波动状况变化

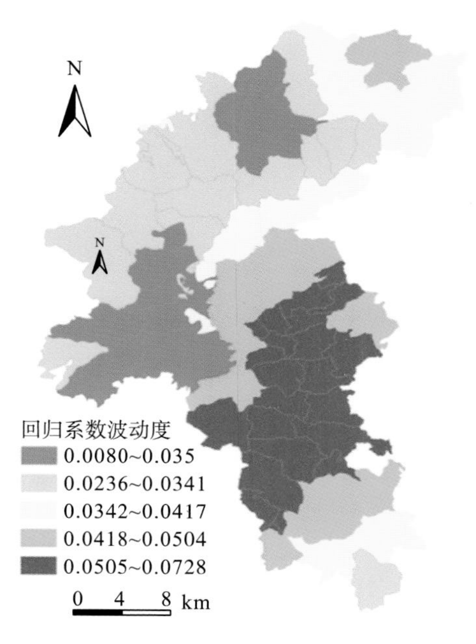

图 4-10　地理回归模型系数波动状况

干热河谷的植被覆盖度偏低，对高程引起的降水差异十分敏感。2007～2015 年，元谋干热河谷的降水量先抑后波动上扬，以 2012 年为谷底值，与其他年份有显著差异(图 4-10)。降水的不足使高程差异导致的水分和蒸发的差异性对植被覆盖度作用力更为明显，因而显著干旱年份(2012 年)各研究单元的高程回归系数值达到最大值。然而高程回归系数值在 2012 年之后显著降低，2014 年和 2016 年高程回归系数甚至不及 2012 年的 1/2，不仅表明高程因素对元谋干热河谷区的作用力显著减弱，失去了稳定性[图 4-9(a)～图 4-9(e)]。究其原因，可能是由于区域降水量的回升在一定程度上减弱了高程造成的降水差异性对植被覆盖度的影响，但更多地预示着人类干扰对植被覆盖度作用明显增强。

从各研究单元高程回归系数的标准差看，元谋西部山区标准差最大，南部山区其次，东部山区处于中等水平，中部的河谷坝区及西北部坝周低山和中低山较弱(图 4-9(f))。元谋西部土地荒漠化现象严重，著名的“物茂土林”就位于此，此地植被状况差，高程引起的降水差异性对此处影响最大。相对高的海拔是造成南部山区植被覆盖度水平较高的主要原因，此区域高程回归系数变化大，反映了人为干扰对南部山区显著增强。东部山区的地势高于西部，生态环境相对较好，但随着人为活动的增强，高程因素对植被覆盖度减弱且体现出较为明显的变化。中部的河谷坝区、中部西北部坝周低山、中低山大部分属于干热河谷区，地势较为平缓，植被覆盖度受高程的影响小。

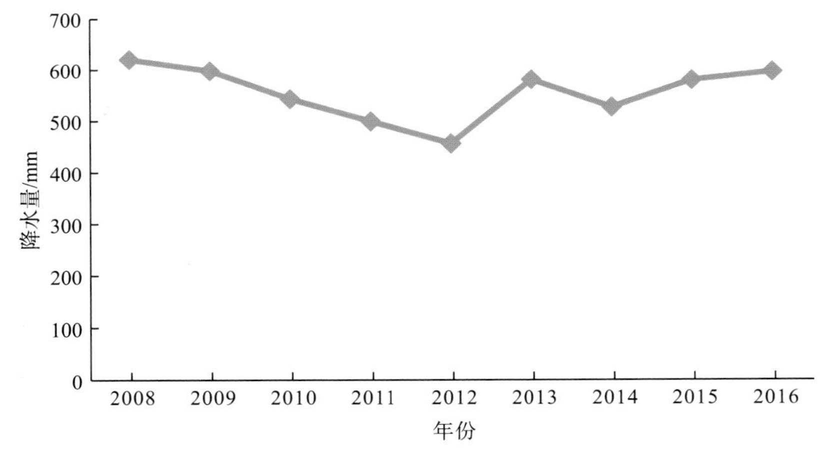

图 4-11 2008～2016 年干热河谷年均降水量

第五节 植被覆盖度时空演化结论

采用多时相中尺度陆地卫星影像研究了 2008～2016 年元谋干热河谷植被覆盖度时空演化特征及高程因素对植被覆盖度的影响。主要结论如下：

(1)元谋植被覆盖度的空间格局与地势走向表现出一致性，以龙川江河谷为界和金沙江为界东高西低，南高北低，自河谷坝区向中高山呈现中低-低-中-中高的整体空间格局，且植被覆盖度空间地带差异性明显。

(2) 2008 年、2010 年、2012 年、2014 和 2016 年元谋植被覆盖度的均值分别为 0.562、0.586、0.494、0.578、0.566，植被覆盖度均值偏低。中高山 Ⅰ 级、Ⅱ级植被覆盖度面积分别占 Ⅰ 级、Ⅱ级植被覆盖度总面积的 60%和 50%以上，坝周低山和中低山Ⅲ级、Ⅳ级植被覆盖度的面积占区域Ⅲ级、Ⅳ级植被覆盖度总面积的 70%～80%，河谷区坝区Ⅴ级植被覆盖率的面积占区域Ⅴ级覆盖率总面积 60%以上。

(3) 元谋植被覆盖度中级及以下幅度变化面积占总区域总面积比例 90%以上，植被覆盖度年际间的变化总体幅度不大。元谋植被覆盖度增加和减少的面积比例为 10∶9，植被覆盖度正向变化区域面积略高于负向，但负向显著性变化区域面积大于正向显著性变化区域。较极显著减少和显著减少区域主要分布在南部中高山区和东部坝周低山，中高山植被生态状况恶化，干热河谷生态问题形势复杂化。较极显著增加和显著增加主要分布在西部坝周低山与河谷坝区交界处及金沙江沿岸的河谷地带，这些区域植被状况好转。

(4) 干热河谷对高程引起的降水差异十分敏感，干旱年份降水的显著不足使高程导致的水分和蒸发的差异性对植被覆盖度作用力更为明显。强烈的人为干扰使高程因素对植被覆盖度的提升作用明显降低。地形使干热河谷水热资源空间分布极不平衡，引起各个高程带植被覆盖度有较大的差异性。以往研究(第宝锋等，2005；何锦峰等，2009；江功武等，2006)表明人为干扰对坝周低山和中低植被山影响较大，成为生态环境治理和学者们研究的重点。然而本研究发现适当的人为干扰使西部山区的植被状况有所好转，但人类干扰在中高山地带明显增强，表明人为干扰范围扩大，影响力明显增强，造成该地带植被覆盖度结构恶化，这种状况在南部中高山区表现更为明显。

第五章　干热河谷地区生态系统服务价值变化

生态系统不仅为人类提供了必要的生存环境，同时以多种生态资源形式为人类的生存和发展提供着产品和服务（Li et al.，2010；Robinson et al.，2014；Robinson et al.，2014；Wu et al.，2015）。不同的土地利用类型因其自然属性特征及人为干扰的差异性在生态服务功能上具有显著性差异（Mamat et al.，2012；Wu et al.，2015；Storkey et al.，2014）。土地利用/土地覆被（LUCC）的变化是生态系统服务价值变化的主要原因（Gong et al.，2010；Richardson et al.，2014；Guo et al.，2016）。生态系统服务价值是生态系统服务功能的货币化形式，它不仅反映了生态系统服务功能，也能反映人类的生态环境意识和生态系统服务需求（Bark et al.，2013；Fu et al.，2014；Cui et al.，2015；Melathopoulos et al.，2015）。区域生态系统服务价值越高，在一定程度上表明区域生态服务功能越好，人们的生态意识越强，越有利于区域生态安全（Richardson et al.，2014；Zhang et al.，2016；Wang et al.，2016）。鉴于此，本研究结合元谋生态环境特点，对生态系统服务价值系数调整，研究元谋生态系统服务静态价值和动态价值状况及其变化，以期更深入研究土地利用变化与区域生态安全的关系。

第一节　生态系统服务静态价值

一、生态系统服务静态价值评价方法

自20世纪90年代以来，对生态资源激烈的争夺使生态系统服务价值研究逐渐受到关注。最有代表性的是Costanza等（1997）提出的“生态系统服务价值与自然资本”。然而Costanza等（1997）提出的“全球静态部分平衡模型”是基于全球均质化的假设，因此在特色景观的生态系统服务价值评估中具有较大的误差。中国学者谢高地等（2003）以Costanza等（1997）研究为参考，结合中国自然特征，提出了青藏高原单位面积生态系统服务价值当量因子。近年来，国内诸多学者对生态系统服务静态价值开展了广泛的研究，大多以谢高地等（2003）的研究为基础参考，结合本区域生态环境特征及各种生态系统在区域生态环境中的作用进行相应的系数调节，使研究更具地域适用性。谢高地等（2003）的研究认为建设用地不具备生态系统服务价值，因而不纳入生态系统服务计算范围。一些学者（李偲等，2011；李晓赛等，2015）认为建设用地在水源涵养、废物处理等方面具有较强的负生态效应，具有负的生态系统服务价值，并提出了相应的建设用地服务当量因子。

二、生态系统服务当量因子

元谋干热河谷的土地利用类型为草地、林地、耕地、建设用地、未利用地和水域。结合元谋干热河谷的自然状况与土地利用结构，本研究参考杜金龙(2010)、李屹峰等(2013)的生态系统服务系数调节方法，对谢高地等(2003)的研究成果进行修正。在土地利用类型的生态系统服务静态价值评估中，耕地对应农田，水域对应水体，未利用地对应荒漠。建设用地和林地是本研究生态系统服务当量因子调节的主要类型。建设用地在水源涵养服务方面的价值通过消耗淡水资源的价值来进行计算，废物处理通过处理三废而消耗的社会劳动价值来估算，因此建设用地在水源涵养服务和废物处理上是纯消耗性的，两者的值均为负值，建设用地其他功能则对应荒漠的功能(宗跃光等，2000；邓淑洪，2012)。李晓赛等(2015)以谢高地研究为基础，结合方精云等(2001)的研究成果，应用材集源生物量法提出了林地的生态系统当量因子系数调整方案，调整后系数为 1.032。本研究借鉴李晓赛等(2015)的研究成果，将研究区林地的生态系统当量因子系数调整为 1.032。

三、单位面积食物生产功能价值

单位面积食物生产功能价值当量因子计算公式(谢高地等，2003)如下：

$$E_a = 1/7 \times T_i / M_i \tag{5-1}$$

式中：E_a 为单位面积农田生态系统提供食物生产服务功能的经济价值(元/hm^2)；T_i 为元谋县第 i 年的粮食经济产值(元)；M_i 是元谋县第 i 年粮食作物的总面积。1/7 是指在无人力投入的自然生态系统提供的经济价值是现有单位面积农田提供的食物生产服务经济价值的 1/7。以 2008 年和 2016 年元谋县农田粮食作物(水稻、玉米和杂粮)作为元谋生态系统服务价值计算的基本依据，计算两个年份的元谋县农田粮食单价分别是 979.36 元/hm^2 和 1142.55 元/hm^2，取两者的平均值 1060.96 元/hm^2 作为农田单位面积食物生产功能价值当量因子值，其他生态系统服务价值参照相对于农田单位面积食物生产功能价值进行计算。结合生态系统服务当量因子的调整，通过式(5-1)计算元谋县单位面积生态系统服务价值系数，具体结果见表 5-1。

表 5-1　元谋单位面积生态系统服务价值系数　单位：元/hm^2

生态服务功能	林地	草地	耕地	建设用地	水域	未利用地
气体调节	3830.07	848.77	530.48	0.00	0.00	0.00
气候调节	2960.08	954.86	944.25	0.00	488.04	0.00
水源涵养	3501.17	848.77	636.58	−7967.81	21622.36	31.83
土壤形成与保护	4265.06	2068.87	1549.00	21.22	10.61	21.22
废物处理	1432.30	1389.86	1739.97	−2609.96	19288.25	10.61
生物多样性保护	3564.83	2026.43	753.28	360.73	2641.79	360.73
食物生产	106.10	1156.45	1060.96	10.61	106.10	10.61
原材料	2843.37	318.29	106.10	0.00	10.61	0.00
娱乐文化	1400.47	53.05	10.61	10.61	4604.57	10.61
合计	23903.45	9665.35	7331.23	−10174.6	48772.33	445.61

元谋各种土地利用类型的单位面积生态系统服务价值中，水域生态系统服务价值系数最高，为 48772.33 元/hm^2；其次为林地，为 23903.45 元/hm^2；建设用地的生态系统服务价值系数最小，为−10174.6 元/hm^2(表 5-1)。建设用地的生态系统服务功能为负，具有较大的障碍作用。各种土地利用类型的单位面积生态系统服务价值从大到小顺序为：水域＞林地＞草地＞耕地＞未利用地＞建设用地。

各种土地利用类型生态系统之间的自然属性及人为干扰程度差异性较大，因而各土地利用类型单项生态系统服务价值系数有较大差异。林地除食物生产外，各项生态系统服务价值系数较高；水域在水源涵养、废物处理及娱乐文化上的价值明显高于其他地类；草地和耕地的各项生态服务价值系数较为均匀。建设用地对水源涵养的负面影响最大，在废物处理方面也有较大的负生态效应，未利用地各项生态系统服务价值系数较小。

四、生态系统服务静态价值分析

生态系统服务价值静态价值的计算公式为(谢高地等，2003)

$$\mathrm{ESV}=\sum_{i=1}^{n} E_{aij}\times C_i \qquad (5\text{-}2)$$

式中：ESV 是生态系统服务静态价值(元)，i、j 分别为第 i 种土地利用类型和第 j 种生态系统服务功能类型；E_{aij} 是土利用类型的第 j 种的单位生态系统服务价值(元/hm^2)；C_i 是第 i 种土地利用类型的面积。

根据式(5-2)，可得元谋 2008 年和 2016 年生态系统服务静态价值(表 5-2)。

表 5-2 生态系统服务静态价值统计表

土地利用类型	2008 年		2016 年		变化值/亿元	变化率/%	年变化率/%
	价值/亿元	比例/%	价值/亿元	比例/%			
林地	13.44	51.73	14.97	56.41	1.53	11.38	1.42
草地	9.83	37.84	8.87	33.42	−0.96	−9.77	−1.22
耕地	1.9	7.31	2.17	8.18	0.27	14.21	1.78
建设用地	−0.86	−3.31	−1.06	−3.99	−0.20	−23.26	2.91
水域	1.63	6.27	1.56	5.88	−0.07	−4.29	−0.54
未利用地	0.04	0.15	0.03	0.11	−0.01	−25.00	−3.13
合计	25.98		26.54		0.59	2.27	0.28

从表 5-2 中可以看出，2016 年研究区生态系统服务总静态价值为 26.54 亿元，较 2008 年的 25.98 亿元提高了 0.56 亿元，年均增幅为 0.27%，增长幅度小。生态系统服务静态价值增长最多的土地利用类型是林地，为 1.53 亿元；其次为耕地，为 0.27 亿元。其余几种土地利用类型价值均下降，下降最多的地类是草地，为−0.96 亿元。从变化幅度来看，增幅最大的为建设用地，为 23.26%。其次为耕地，为 14.21%；降低幅度最大的地类为未利用地，为−25.00%。其次为草地，为−9.77%。在各种土地利用类型中，水域的生态系统服

务静态价值变化最弱，仅为-4.29%，未利用地、建设用地、耕地和林地的生态系统服务静态价值变化率绝对值均在10%以上，表明多数土地利用类型的生态系统服务静态价值变化较为明显。

各种土地利用类型生态系统服务静态价值变化及其原因分析如下：

1. 以林草为主的生态系统服务静态价值总体提升

2008年和2016年元谋的生态系统服务静态价值最高均为林地，两个年份的值分别为13.44亿元和14.97亿元，占生态系统服务静态总价值的50%以上；其次为草地，两个年份生态系统服务静态价值分别为9.83亿元和8.87亿元，占生态系统服务静态总价值的30%以上。林地和草地是元谋生态系统服务静态价值的主要贡献地类。元谋是典型的山地地形，山高坡陡，自然状态下林地和草地比例高。尽管历史时期森林覆盖率急剧下降，但由于人们对生态环境的重视，林、草在较大程度上得到恢复。1998年长江洪水的大暴发使长江流域的生态环境保护工作得到加强，作为长江上游区域的水土保持重点区域，元谋强化了天然林工程和退耕还林还草工程的实施，元谋的林地比例增加，加之林地的生态服务价值系数高，因此虽然草地在2008～2016年的面积有所减少，其生态系统服务静态价值减少了9.77%，但由于林地单位面积生态系统服务静态价值高，林地面积的增加弥补了由于草地减少造成的林草的生态系统服务静态价值损失，林草生态系统静态服务价值总体增加了0.26%。

2. 耕地生态系统服务静态价值提升

元谋是传统的农业县，农业是全县的经济支柱，农业人口比例在80%以上。近年来，依托优良的光热资源，元谋大力发展商品农业，尤其是冬蔬菜生产和水果产业，元谋已成为全省乃至全国冬季蔬菜和水果的主要生产基地。商品农业的迅速发展刺激了人们对耕地的需求。虽然天然林工程以及退耕还林还草工程的实施使耕地在中高山区及陡坡区（主要是坡度大于25°的坡地）的比例缩小，但是在中低山区及坝周低山区的耕地得到扩展，耕地的面积总体上扩大，因而耕地的生态系统服务静态价值得到了提升。

3. 水域、未利用地和建设用地的生态系统服务静态价值降低

元谋干热河谷的水域面积极小，2008年和2016年其生态系统服务静态价值占总的生态系统服务静态价值仅分别为6.27%和5.88%。未利用地由于自身单位面积生态系统服务静态价值低，且未利用地在土地利用类型中的占比小，故其生态系统服务静态价值贡献率极小。2008年和2016年其生态系统服务静态价值占生态系统服务静态总价值比例仅分别为0.15%和0.11%。建设用地对区域生态系统静态价值具有负向作用力，2008年和2016年其生态系统服务静态价值占生态系统服务静态总的价值比例仅分别为-3.31%和-3.99%。元谋属典型的山地地形，由于历史原因，城镇化率低，建设用地占区域面积比例小，因而现阶段元谋的城镇化对区域生态系统作用负向作用力仍较小。但值得注意的是，建设用地的生态系统静态价值变化幅度达到23.26%，表明随着人口的增长和城市的扩张，建设用地对区域生态的副作用将更为明显。

从生态系统服务静态价值构成来看(表 5-3)，2008 年，土壤形成与保护的单向价值最高，达到 4.91 亿元；其次是生物多样性保护，为 4.41 亿元。而在 2016 年，仍是土壤形成与保护的单向价值最高，达到 5.03 亿元；其次是生物多样性保护，为 4.46 亿元。2008～2016 年期间，元谋各单项生态系统服务功能价值变化方向不同。其中，水源涵养、废物处理和食物生产有所下降，主要是因为这些草地和水域此三项价值高，但是这两个地类面积缩小较快，导致这三项价值有较大程度的下降，即使耕地、建设用地增长，但仍然不够弥补其损耗。与此同时在水源涵养和废物处理有明显副作用的建设用地增长也会导致其相应生态系统服务功能的降低。增长幅度最大的是原材料和娱乐文化功能，主要得益于林地的较大幅度的增长。

表 5-3　生态系统服务静态价值

生态系统服务类型	2008 年/亿元	2016 年/亿元	变化值/亿元	变化率/%
气体调节	3.15	3.34	0.19	6.03
气候调节	2.90	3.03	0.13	4.48
水源涵养	3.05	3.02	−0.03	−0.98
土壤形成与保护	4.91	5.03	0.12	2.44
废物处理	3.09	3.03	−0.06	−1.94
生物多样性保护	4.41	4.46	0.05	1.13
食物生产	1.52	1.45	−0.07	−4.61
原材料	1.95	2.10	0.15	7.96
娱乐文化	1.00	1.08	0.08	8.00
合计	25.98	26.54	0.56	2.16

第二节　生态系统服务动态价值

一、生态系统服务动态价值评价方法

由于 Costanza 和谢高地的评价只针对土地利用类型本身，属于生态系统服务静态价值评估范畴，侧重于评估自然资本的生态功能及价值，忽略了人类主观意识对生态系统服务价值的作用。价值属于经济学研究范畴，因而在较大程度上与人类对生态系统重要性的认识程度、需求程度、生态系统及其服务的稀缺程度等因素有关，因而生态系服务价值应是动态变化的。生态系服务价值动态性可从需求与供给两方面来体现。在需求方面，人们对生态系统服务的要求和认识与社会阶段紧密相关，社会发展阶段越高，人们生态意识强，对生态系统服务要求高，生态系统服务价值越高。在供给方面，由于人们对生态资源索求超出生态环境承载力，使生态资源数量减少和生态资源质量下降，但人们对生态服务价值的需求上升，人们愿意为稀缺的生态系统服务付出更多的支出，引起生态系统服务价值的提升。基于生态系统服务价值的动态性，一些学者提出了不同的动态系数调整方法，如粟晓玲等(2006)提出利用阶段发展系数和资源紧缺度对生态系统服务价值进行调整，李晓赛等(2015)基于支付能力和支付意愿对生态系统服务功能进行经济性系数调整。

二、生态系统服务动态价值调节系数

经济学研究表明，对物品的支付水平与区域内某时段人们的支付能力和基于物品的需求程度的支付意愿有关(粟晓玲等，2006；李晓赛等，2015)。同时，土地利用类型所提供生态资源并非一成不变，而是受生态环境变化的影响。因此本研究将支付能力、支付意愿和环境能力等指标纳入动态生态系统服务价值体系，获得生态系统服务动态价值系数。

1. 支付能力系数调节

支付能力是个人经济能力的直接表现。最常用的表达个人经济能力指标是人均国内生产总值(GDP)，若某个国家或者区域人均 GDP 越高，通常支付能力就越强。本研究将元谋县与全国人均国内生产总值的比值作为支付能力指数(P_t)调整依据，其计算公式如下(李晓赛等，2015)：

$$P_t = \mathrm{GDP}_i / \mathrm{GDP}_{i\mathrm{mean}} (i = 1, 2, \cdots, 10) \tag{5-3}$$

式中：GDP_i 表示第 i 年元谋县人均国内生产总值；$\mathrm{GDP}_{i\mathrm{mean}}$ 表示第 i 年中国人均国内生产总值。通过式(5-3)的计算，得出元谋县 2008 年和 2016 年生态服务价值支付能力调整指数分别为 0.456 和 0.712。

2. 支付意愿系数调节

社会发展阶段与支付意愿具有较强的相关性。当社会处于仅处于贫困或者温饱阶段时，对生存和生计的需求是首位，生态环境意识通常不足，对生态系统服务功能需求亦较少，且此阶段中生态环境认识和需求水平的提高也较为缓慢；当社会处于小康阶段，人们的经济支付能力显著提升，生态环境意识和生态环境舒适性服务的需求提高较快；当社会处于富裕和极富阶段时，经过前期阶段的迅速增长，人们对生态环境舒适性需求便会趋于饱和。可用 Logistics 生长曲线模型来刻画，其表达式为(李晓赛等，2015)

$$N_t = \frac{2}{1 + a\mathrm{e}^{-bt}} \tag{5-4}$$

式中：N_t 为代表生长特性的参数，在此表示社会发展阶段系数；t 在此表示社会经济发展阶段；a，b 为常数取值为 1；e 为自然对数的底。当 t 值很小时，即社会发展水平低，N_t 值趋于 0；当 t 值很大时，N_t 值趋于饱和值 1。社会发展阶段的计算通常与恩格尔系数的倒数对应，表达式如下(李晓赛等，2015)：

$$t = 1 / E_\mathrm{n} - 2.5 \tag{5-5}$$

式中：E_n 为恩格尔系数值。根据统计资料通过式 (5-4) 和式(5-5)的计算得到元谋 2008 年和 2016 年的 t 值分别为−0.46 和−0.32，由此得到元谋 2008 年和 2016 年的支付意愿调节系数为 0.774 和 0.840。

3. 环境能力调节系数

本研究用环境能力调节系数反映生态价值受环境变化而产生的生态资源量的变化。水资源是干热河谷关键因子，它制约了干热河谷生态群落面积和质量，植被覆盖度能较好地反映生物量的变化，因此用该年度植被覆盖度与多年植被覆盖度的均值进行比较，可以反映区域生态资源状况(李晓赛等，2015)：

$$S_t = \sqrt{\frac{S_d}{S_{\text{mean}}}} \tag{5-6}$$

式中：S_d 表示该年度植被覆盖度；S_{mean} 表示元谋多年植被覆盖度平均值。根据统计资料通过式(5-6)计算可得元谋 2008 年和 2016 年的环境能力调节系数分别为 1.004 和 1.008。

基于上述研究成果，同时参考李晓赛等(2015)和邓淑洪(2012)的研究，提出元谋县生态系统服务价值动态修正系数(李晓赛等，2015)。

$$Q_t = P_t \times N_t \times S_t \tag{5-7}$$

式中：Q_t 为生态系统服务动态价值修正系数，P_t、N_t、S_t 分别第 t 年研究区支付能力调节系数、支付意愿指数和环境能力调节系数。经过计算，2008 年和 2016 年 Q_t 值分别为 0.354 和 0.603。

基于上述研究，建立了元谋生态系统服务价值的动态评估模型，其具体模型如下(李晓赛等，2015)：

$$V_t = \sum_{i=1}^{n}\sum_{j=1}^{n} C_i \times E_{aij} \times Q_t \tag{5-8}$$

式中：V_t 为元谋县第 t 年生态系统动态服务价值；i 为土地利用类型，j 为生态系统服务功能类型；C_i 为第 i 种土地利用类型的面积；E_{aij} 是研究区第 i 种土地利用类型的第 j 类的单位生态系统服务静态价值(元/hm^2)；Q_t 表示动态调整系数。

三、生态系统服务动态价值分析

计算元谋县 2008 年和 2016 年生态系统服务动态价值，由表 5-4 中可知 2008 年元谋生态系统服务动态价值为 9.198 亿元，仅为同期生态生态系统静态价值的 35.4%。2016 年元谋的生态系统动态服务价值 15.997 亿元，为 2016 年生态系统服务静态价值的 60.3%。两个年份元谋的生态系统服务动态价值都偏低，主要是因为元谋经济发展水平较为落后，人均 GDP 与全国平均水平有较大差异，恩格尔系数高。因此人们对生态系统服务价值的支付能力和支付意愿较低，导致生态系统服务动态价值较小，表明现阶段人们对元谋生态系统服务价值认识不足，其价值容易被低估，也反映了人们的生态环境意识不强。各种地类的生态系统服务动态价值变化率都很高。耕地和林地的生态系统服务动态价值分别提升了 94.64%和 89.72%，表明这两种地类对元谋生态系统服务动态价值具有极为明显的促进作用，而建设用地的生态系统服务动态价值降低了 110.20%，对区域生态服务动态价值负作用更为显著。元谋生态系统服务动态价值总体增长了 72.83%，明显高于生态系统服务静态价值变化率(2.27%)，表明 8 年间元谋生态系统服务动态价值的变化非常明显。这是由于较 2008 年相比，2016 年元谋的人均 GDP 增长非常迅速，与全国平均 GDP 水平的差异缩小了 25.6%，支付能力提高明显，恩格尔系数也有所降低，逐渐靠近 0.40 的拐点，支付意愿得到提升，因而生态系统服务动态价值的有显著提升。可以预见的是随着支付能力和支付意愿的提升，元谋生态系统服务动态价值将会有显著提升，人们对生态环境的重视程度会有明显提升。

表 5-4　元谋生态系统服务动态价值　单位：元/hm²

年份	林地	草地	耕地	建设用地	水域	未利用地	总计
2008 年	4.758	3.480	0.672	−0.304	0.577	0.014	9.197
2016 年	9.027	5.349	1.308	−0.639	0.941	0.018	16.004
变化值	4.269	1.869	0.636	−0.335	0.364	0.004	6.807
变化率/%	89.72	53.71	94.64	−110.20	63.08	28.57	74.01

第三节　生态系统服务价值变化结论

(1) 元谋各种土地利用类型的生态系统服务静态价值有较大差异。水域和林地的单位面积生态系统服务静态价值最高，未利用地的单位面积生态系统服务静态价值最少。建设用地具有负向价值，是元谋生态系统服务静态价值的主要障碍类型。各种土地利用类型的单项生态服务功能有较大差异。林地除食物生产外，各项生态服务功能较高，水域在水源涵养和废物处理及娱乐文化上的价值明显高于其他地类，建设用地对水源涵养的负面影响最大。

(2) 研究区生态系统服务静态价值总体变化小，但各土地利用类型的变化率大。区域生态系统服务总静态价值提高了 0.56 亿元，增长了 2.27%。增加最多的土地利用类型为林地，其次为耕地，其余几种土地利用类型价值均下降，下降最多的是草地。未利用地、建设用地、耕地、林地的生态系统服务静态价值变化率较为明显。

(3) 林地在研究区生态系统服务静态价值中占比最大，其次为草地、耕地、水体、未利用地，建设用地对生态系统静态价值服务的障碍作用最大。土壤形成与保护、生物多样性保护和大气调节的生态服务价值静态最大。

(4) 研究区生态系统服务动态价值远小于同期静态价值，但变化率显著高于同期静态价值。2008 年和 2016 年区域生态系统动态服务价值为 9.197 亿元和 16.004 亿元，远小于同期的生态系统服务静态价值 25.98 亿元和 26.54 亿元，表明人们对生态系统服务价值的支付能力和支付意愿较低，导致生态系统服务动态价值显著偏低。各种地类的生态系统服务动态价值的变化率都很高。耕地和林地对生态系统服务动态价值提升作用强烈，而建设用地的负作用更为显著。元谋生态系统服务动态价值总体增长 74.01%，明显高于生态系统服务静态价值变化率 2.27%。

第六章　干热河谷地区景观生态安全时空动态

景观生态安全是从景观尺度上衡量区域生态安全对人类活动和自然因素的响应状况(Gao et al.，2006；李晶等，2013；马克明等，2004；王亮，2007；Haskell et al.，2016)。景观格局是各种干扰对区域生态系统共同作用的结果。自然和人为活动的干扰方式、强度及幅度具有较大差异性，因而对景观格局作用也存在显著差别(刘勇生等，2006；何东进等，2004；孙翔等，2008；郭明等，2006)。干热河谷景观生态安全是景观生态安全格局及景观生态质量综合作用的结果(王千等，2011)。景观格局、生态系统服务价值和植被覆盖度从不同的层面影响干热河谷景观生态安全，景观格局侧重于景观组分形状和结构，生态服务价值侧重于生态服务功能和生态服务意识，植被覆盖度侧重于植被生态状况。本研究采用建模方法构建景观生态安全格局指数和景观生态质量指数，继而建立干热河谷景观生态安全评价模型，结合地理空间分析方法研究干热河谷景观生态安全时空演化状况。

第一节　景观生态安全度模型

一、景观生态安全度模型的构建

景观生态安全度模型是景观生态安全研究的重要内容(王娟等，2008)。景观生态安全度模型应能体现景观生态安全的关键要素，如景观结构、景观生态功能、景观生态质量及干扰因素。本研究利用景观格局指数构建景观生态安全格局指数衡量，构建景观生态质量指数以衡量景观生态系统服务功能及关键景观要素的生态质量，继而以景观生态安全格局指数和景观生态质量指数为参数构建干热河谷景观生态安全度(landscape ecological security degree，LESD)模型。

1. 景观生态安全格局指数

在参考相关研究(刘勇生等，2006；何东进等，2004；孙翔等，2008)的基础上，结合元谋干热河谷景观生态特点，以压力指数和敏感性指数构建景观格局风险指数(landscape pattern risk，LPR)，计算公式为(于潇等，2016)

$$\mathrm{LPR}_i = H_i \cdot R_i \tag{6-1}$$

$$H_i = l \cdot \mathrm{FN}_i + m \cdot H_i + n \cdot E_i + o \cdot D_i \tag{6-2}$$

式中：LPR_i、H_i和R_i为分别为第i类景观的景观格局风险指数、压力指数和敏感性指数；FN_i、H_i、E_i*和*D_i分别为第i类景观的斑块破碎度指数、景观多样性指数、景观均匀度指数和景观优势度指数，l、m、n和o为分别为四个景观格局指数的权重系数，采用德尔菲法咨询多位相关领域专家，确定相应的权重值分别为0.28、0.31、0.23、0.18。

不同的景观类型由于自然属性、生态系统特征及受干扰强度有显著差别，因此抗压力能力及敏感性差异性较大。景观的抗压力能力越差，该景观类型敏感性越强越大。已有研究（李月臣等，2008；郭泺等，2008；游巍斌等，2011）表明景观类型的敏感性更多具有相对性。参考游巍斌等（2011）研究成果，结合干热河谷区的特点，确定各种景观类型的敏感性指数分别为：水域为6，耕地为5，草地为4，林地为3，未利用地为2，建设用地为1。利用数据标准化方法解决数据量纲不同的问题，各景观格局指数的计算参见第三章中有关景观格局指数的描述。

景观生态安全格局指数（landscape ecological security pattern，LESP）为景观格局风险指数的倒数，其计算公式为（于潇等，2016）

$$\mathrm{LESP}=\sum_{i=1}^{n}\frac{\mathrm{BA}_i}{\mathrm{BA}}(1-\mathrm{LPR}_i) \tag{6-3}$$

式中：BA为采样单元的面积；BAi为采样单元中第 i 类景观的面积。

2. 景观生态质量指数

本研究以景观生态系统服务价值及植被覆盖度表征景观生态质量。生态系统服务价值反映了景观的生态系统服务功能，植被覆盖度反映了研究区关键生态要素植被的生态状况，生态系统服务价值和植被覆盖度越高，景观生态质量越好。参考已有研究（陈星等，2005；许联劳等，2006；喻锋等，2006 ；李晓燕等，2005），景观生态质量指数（landscape ecological quality，LEQ）计算公式为（于潇等，2016）

$$\mathrm{LEQ}=a\cdot\mathrm{ESV}+b\cdot\mathrm{VFC} \tag{6-4}$$

式中：a 和 b 分别为生态系统服务价值和植被覆盖的指数权重，根据专家咨询法赋予这两个指数相同的权重，即0.50和0.50。ESV和VFC分别为生态系统服务价值和植被覆盖度（见第五章第四节和第四章第三节计算结果），同样进行标准化后计算并进行空间采样。

3. 景观生态安全度模型

景观生态安全度（landscape ecological security degree，LESD）应能体现景观生态压力和敏感性对景观生态安全格局的影响，同时也需要表达区域景观生态质量现状，其计算公式为（于潇等，2016）

$$\mathrm{LESD}=h\cdot\mathrm{LESP}+k\cdot\mathrm{LEQ} \tag{6-5}$$

式中：h、k 为景观生态安全格局指数（LESP）和景观生态质量（LEQ）指数的权重。在咨询多位相关领域的专家前提下，确定两个指数的权重系数均为0. 50。

二、景观生态安全评价标准

目前景观生态安全评价等级没有统一的标准，借鉴已有研究的划分标准和方法（Zhao et al.，2015；巩杰等，2014；曾丽云等2011；张绪良等，2012），采用自然断点法将景观生态安全标准划分为5个等级（表6-1）。LESD指数值越高，则景观生态安全程度越高，景观生态安全状况越好。

表 6-1 景观生态安全等级

等级	景观生态安全值	状态	评语
I	(0.70，1.0]	理想安全	景观格局合理，生态系统结构完整，生态质量好，生态系统功能完善
II	(0.62，0.70]	较为安全	景观格局较为合理，生态系统结构发生微弱变化，生态质量较好，生态系统功能较为完善
III	(0.42，0.62]	临界安全	景观格局合理性下降，生态环境质量下降，生态系统主要服务功能基本正常，生态系统结构发生一定程度变化，尚在许可范围
IV	(0.35，0.42]	较不安全	景观格局不合理，生态环境质量大幅下降，生态环境退化，生态系统主要服务功能大量丧失，生态系统结构发生较大变化出现较大程度失衡
V	[0，0.35]	极不安全	景观格局极不合理，生态环境恶劣，生态功能完全丧失，生态系统结构严重失衡

注：此表参考了于潇等(2016)研究，部分内容进行了适当的修订。

第二节 景观生态安全时空动态

一、景观生态安全度空间采样

利用元谋县等面积网格对元谋县2008年与2016年两期景观类型数据进行系统采样。借鉴相关文献研究尺度(游巍斌等，2012)，根据元谋研究区实际情况，采用等间距法，以1000 m×1000m的网格进行采样和评价。研究共采集2255个采样单元，并对落入每个网格的各种景观类型计算各种指数，把所获得的景观生态安全度赋予其所在样区的中心点，以此结果作为采样网格单元中心点的景观生态安全度值，继而基于Kriging法进行空间插值，最终得到研究区景观生态安全的时空分布状况(图6-1和图6-2)。

二、景观生态安全时空演化综合分析

2008年(图6-1)和2016年(图6-2)元谋景观生态安全值的分布格局大致相同，景观生态安全度较高的区域主要分布于研究区东部和南部的中高山区西部角的中高山区及龙川江中段河谷坝区。中高山区主要土地利用类型为林地和草地，人为干扰相对较小，斑块连通性较好分布。龙川江中段河谷坝区是耕地(主要是水浇地)的主要分布区，且由于已经建成较为完备的灌溉系统，形成了良好的人工生态系统，因而此处的景观生态安全值较高。景观生态安全度低值出现在研究区西部及北部的坝周低山和中低山区，由于西部及北部的坝周低山和中低山坡度比东部和南部中高山区小，这两个区域自身生态环境脆弱，但是因为海拔和坡度原因开发难度较小，成为各种土地类型争夺的焦点，因此斑块数量多，类型多样，景观破碎度高，植被覆盖度低，是主要的水土流失地带和生态环境问题的集中区域。

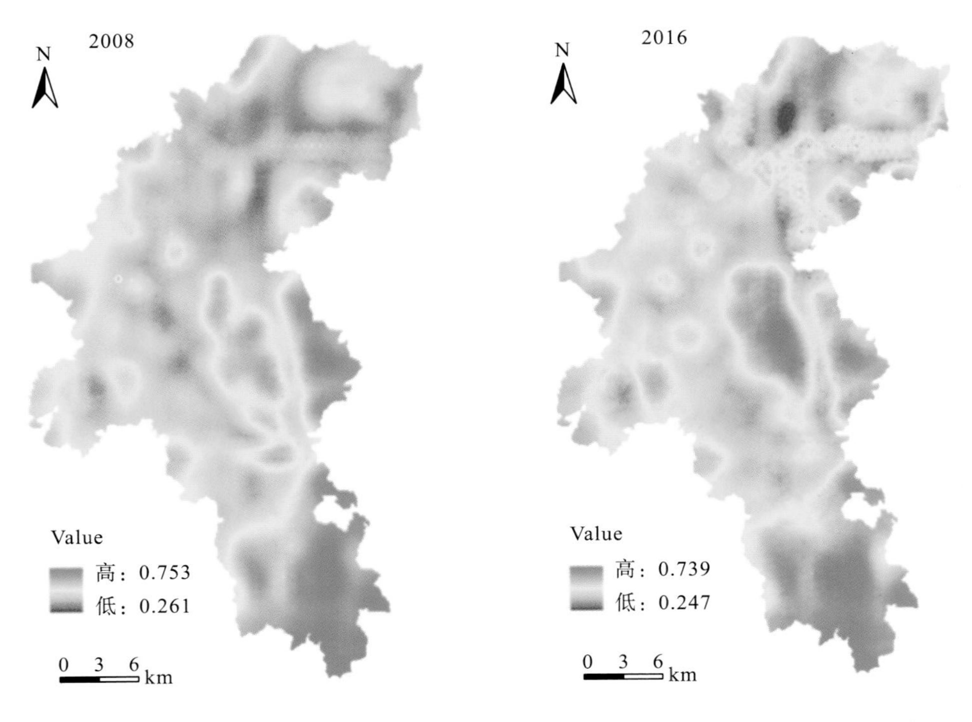

图 6-1　2008 年元谋景观生态安全值空间分布　　图 6-2　2016 年元谋景观生态安全值空间分布

空间采样结果统计表明(表 6-2)景观生态安全格局指数(LESP)、景观生态质量指数(LEQ)及景观生态安全度值(LESD)都处于 0.40～0.60，均属于临界安全状态。景观生态安全格局(LESP)指数值偏低，在 0.4～0.5 区间，表明元谋干热河谷的景观结构生态安全状态较差，主要原因在于元谋干热河谷受山地地形影响，坡度变化大，微地形发育。水热条件与微地形结合导致生境变化快，极易形成破碎化的斑块，成为土地利用类型的主要制约因素。因此，元谋干热河谷的土地斑块平均面积小(第三章中已经论述过)，不利于景观结构稳定，因而景观安全格局得分值偏低，较接近于景观生态不安全值阈值(表 6-1)。景观生态质量指数(LEQ)值处于 0.50～0.60，表明元谋景观生态安全质量较为稳定地处于临界安全范围值的中段。干热河谷的土地利用类型结构以林地和草地为主，林地和草地主要分布在中低山和中高山，成为这两个地带的景观基质，维持了干热河谷的基本生态功能。第六章的研究结果表明元谋干热河谷生态系统服务静态价值略有增长，但总体较为稳定，表明干热河谷基本生态功能较为稳定。植被种类的发育适应了干热河谷地形和气候条件需求，其植被生态状况很好地反映了干热河谷自然地理环境特征。除极个别年份(2012 年)外，干热河谷植被覆盖度值一直在 0.50 左右徘徊，植被覆盖度值趋于稳定，表明干热河谷植被生态状况较为稳定。虽然人类活动对干热河谷植被生态影响既有正向也有负向影响，但从总体情况来看，元谋干热河谷植被生态状况没有因人类活动发生明显变化。景观生态安全度(LESD)值为 0.50～0.53，较倾向于临界安全状态低值区，主要是由于景观生态安全格局指数值偏低，进而影响了景观生态安全度值朝着区间低值倾斜。

表 6-2　景观生态安全指数统计表

年份	LESP	LEQ	LESD
2008	0.493	0.555	0.524
2016	0.465	0.559	0.512

从景观生态安全各指数值的变化来看，2008～2016 年研究区景观生态安全格局(LESP)指数由 0.493 降至 0.465，景观生态安全格局状况有较大的下降幅度，这主要是由于草地和未利用的减少以及建设用地的增加，使得斑块数量增多，景观破碎化程度提升，而人类的其他干扰活动驱使景观类型的分布朝有利于人类自身方向发展，造成景观均匀度上升，优势度下降，景观基质(草地)比例下降，景观结构复杂化，使景观格局处于更加不稳定状态，景观格局安全性也随之下降。但景观生态质量(LEQ)指数由 0. 555 增至 0.559，表明生态环境质量有所提高，主要是由于林地的增加提高了生态服务价值，草地转化为林地，未利用地转化为耕地使植被覆盖度提升。从景观生态安全度(LESD)看，2008 年和 2016 年元谋区域景观生态安全度的均值从 0.524 降至 0.512，8 年来元谋景观生态安全状况变化不大。

各个等级景观生态安全度的区域面积所占比例呈现“两头小、中间突出”的特征，即极不安全、较不安全、安全和理想安全的区域面积小，处于临界安全区域面积占多数。极不安全等级区域面积比例和理想安全区域面积比例都在 10%以下，较不安全区域面积比例和较为安全区域面积比例为 8%～15%，临界安全区域面积比例在 60%以上(图 6-3)。

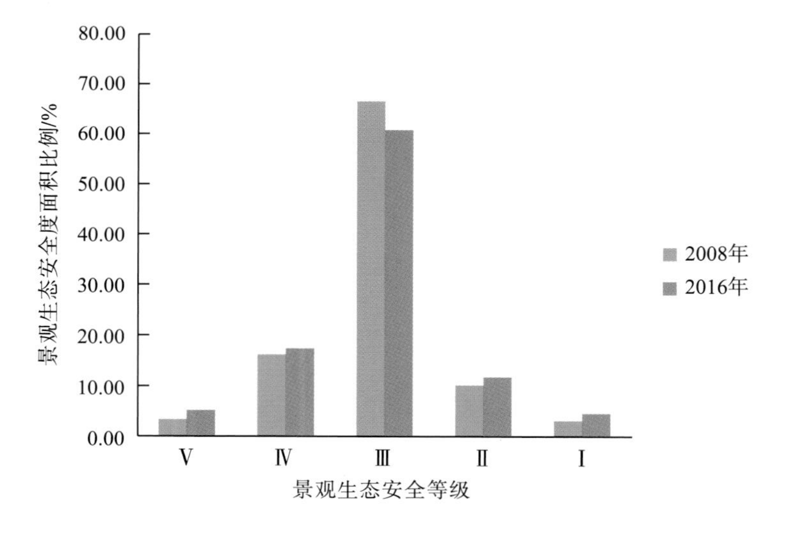

图 6-3　景观生态安全变化

第三节 景观生态安全空间自相关性

一、空间自相关模型

全局空间自相关反映了研究区内某一地理现象空间相关性的整体趋势。本研究选取 Moran′s I 指数研究景观生态安全度的全局空间自相关性特征，其计算公式为(欧朝蓉等，2016)

$$\text{Moran's}(I)=\frac{N}{S_0}\times\frac{\sum_{i=1}^{N}\sum_{j=1}^{N}\left[W(i,j)\left(x_i-\overline{X}\right)\left(x_j-\overline{X}\right)\right]}{\sum_{i=1}^{n}\left(x_i-\overline{X}\right)^2} \tag{6-6}$$

式中：N 为空间单元的数目；x_i 和 x_j 为第 i 个和第 j 个空间单元的观测值，$\overline{X}$ 为属性的平均值，$S_0=\sum_{i=1}^{N}\sum_{j=1}^{N}W(i,j)$；$w_{ij}$ 为空间权重矩阵。Moran′ sI 正或者负值时，表明该地理现象具有正或者负的空间自相关关系。若 Moran′s I 接近 0 时，该地理现象呈随机分布。全局空间自相关性分析时常用 Z 统计检测方法检验模型是否显著，其检验方法和公式参看其他文献(欧朝蓉等，2016)。

对于某个空间单元 i，需要用局部空间自相关性指数测度相邻区域间的空间关联程度，即局部空间自相关性。Anselin 提出局部空间自相关性 LISA (lcal indicators of spatial association)指数，其计算公式如下(陈安宁，2014)：

$$I_i=Z_i\sum_{j=1,j\neq i}^{n}\left(W_{ij}Z_j\right) \tag{6-7}$$

式中：Z_i 和 Z_j 为区域单元 i 属性观测值的标准化值；$\{W_{ij}\}=W$，一般为行标准化空间权重系数矩阵，即 $\sum_j W_{ij}=1$，此时 $\frac{1}{n}\sum_i I_i=i$ Moran′s I。进行局部空间自相关分析时同样需进行显著性检验，检验方法同全局自相关分析。

二、景观生态安全空间自相关分析

1. 景观生态安全的全局空间自相关分析

利用 ArcGIS10.2 的 Spatial statistic tools 模块中的空间自相关分析工具计算 2008 年和 2016 年元谋景观生态安全度的全局 Moran′s I 值[式(6-6)]。结果表明，Moran′s I 从 2008 年的 0.600 上升至 2016 年的 0.633，通过了 P 值为 0.05 的检验，表明元谋景观生态安全度在整体空间上存在正相关关系，景观生态安全度在空间分布上呈现聚集态势。在总体格局上，景观生态安全度高的区域倾向于与其他景观生态安全度高的区域相毗邻，而景观生态安全度较低的区域倾向于与其他景观生态安全度较低的区域相毗邻。主要是由于研究区的地形分异特征十分明显，同一垂直自然带的气候、土壤等生态条件具有相似性，土地利用空间分布地带性特征明显，因而景观类型、景观格局及植被覆盖度特征具有相似性，使区域景观生态安全性表现出高度的空间自相关性。Moran’s *I* 值增大表明景观生态安全度的全局空间自相关程度增强，主要是因为人为干扰的加剧强化了土地利用类型的空间集聚特征，使景观生态安全性空间自相关性更为明显。

从空间趋势面分布来看，8 年来元谋景观生态安全的整体格局保持较为稳定的态势，与元谋干热河谷的地形结构呈现一致性，反映了自然因素对景观生态安全的控制作用，(图 6-4 和图 6-5)。

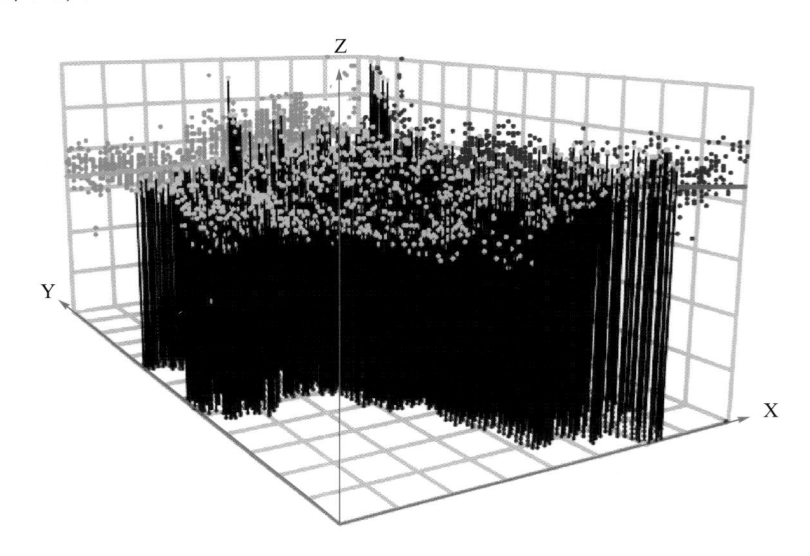

图 6-4　2008 年元谋景观生态安全度趋势图

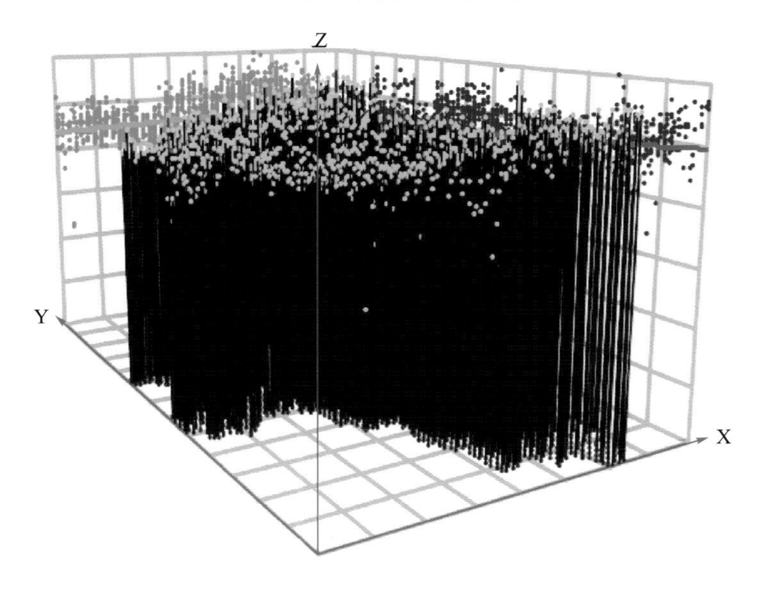

图 6-5　2016 年元谋景观生态安全度趋势图

2. 景观生态安全的局部空间自相关分析

在全局自相关分析的基础上，利用 LISA 指数[式(6-7)]研究了元谋景观生态安全局部空间自相关性，并着重分析了各个显著性水平的景观生态安全度的空间分布格局。研究表明，元谋 2008 年和 2016 年景观生态安全度局域自相关格局较为一致，显著性分布区中以高值-高值和低值-低值区域为主(图 6-6 和图 6-7)，但局部空间相关性特征发生-定程度的变化，表现在：①高值-高值区：2008 年，高值-高值区主要分布在研究区的西南角和南部中高山，在西部中低山也有零散分布。高值-高值区在空间上比较连续，主要是因为这些区域海拔较高，是林地的主要分布区，人为干扰较小，景观结构合理，植被覆盖度高，因而景观生态安全性较好；2016 年，高值-高值区除主要分布在研究区的西南角和南部的中高山及西部的中低山区外，在东部的中高山区域出现了较为连续的空间分布，表明退耕还林等环境保护措施对东部中高山区域景观生态安全有较为明显促进作用。②低值-低值区：2008 年，低值-低值区主要出现在金沙江沿岸两侧和龙川江上游的西侧，这里属于典型的干热河谷区，未利用地和低覆盖度草地主要分布与此，水土流失严重，植被覆盖度低，景观生态安全性低，且在空间上较为连续，这些区域的景观生态安全风险大；2016 年，低值-低值区在金沙江沿岸坝周低山及中低山区分割明显，正是该区域景观破碎化的反映，主要是因为经济和社会的发展导致对土地空间资源的争夺日趋激烈，地势较平的龙川江西侧的坝周低山及中低山区土地后备资源不足，因而对金沙江沿岸坝周低山及中低山区的未利用地和荒地的开发力度增强，土地利用的连续性被打破，因而该区域的低值-低值区景观生态安全性连续分布空间破碎化。

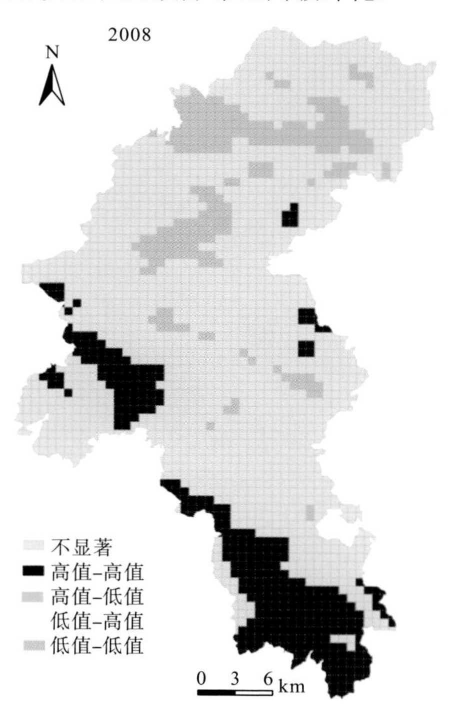

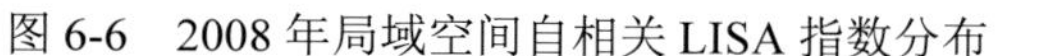

图 6-6 2008 年局域空间自相关 LISA 指数分布

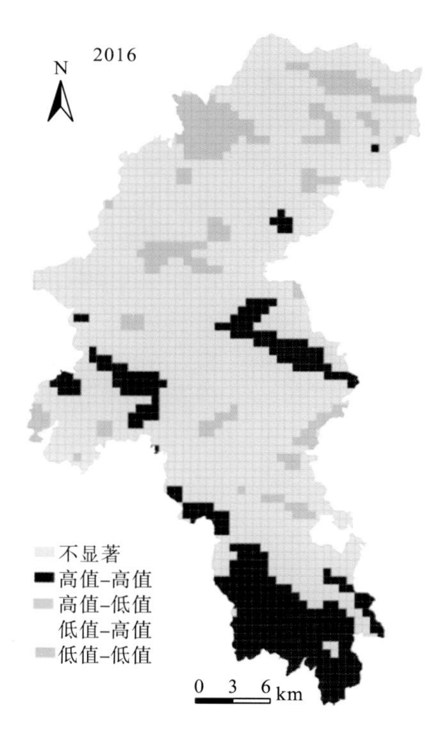

图 6-7 2016 年局域空间自相关 LISA 指数分布

第四节 景观生态安全时空分异度

一、景观生态安全时空分异模型

地理现象的产生和变化受结构性因素(主要是自然因素)和非结构性因素(主要是人为因素)的影响。地统计学是法国学者 G.Matheronyi 提出的一种空间统计学方法，以半变异函数、协方差函数、相关函数等为基本工具，常用于研究地理现象由于距离变化产生空间区域变异特征(苏海民等，2010)。景观生态安全度具有典型的空间异质性，因此可以用地统计学方法来分析其变化特征及规律。半变异函数的公式如下：

$$\gamma(h)=\frac{1}{2n(h)}\sum_{i=1}^{n(h)}\left[Z(x_i)-Z(x_i+h)\right]^2 \tag{6-8}$$

式中：为 $\gamma(h)$ 为半变异函数，揭示了整个尺度的空间变异格局；$Z(x_i)$ 和 $[Z(x_i)-Z(x+h)]$ 分别为空间位置上 x_i 和 x_i+h 的观测值。h 为两样本点的空间分隔距离；$n(h)$ 为分隔距离为 h 时的像元对总数(杨奇勇，2012)。变异函数分析通常以对半变异函数图的模型拟合为基础，主要参数为：C_0(块金值)、C(偏基台值)、C_0+C(基台值)、C_0/C_0+C(块金方差与基台值之比)，A_0(变程)。C(偏基台值)反映了空间自相关部分引起的空间异质性，C_0+C(基台值)反映了研究区域变量的最大变异程度，C_0/C_0+C(块金方差与基台值之比)反映了非结构因素反映了随机部分引起空间异质性占总空间异质性的比重(苏海民和何爱霞，2010)。

二、景观生态安全时空分异度分析

运用地统计学方法研究元谋景观生态安全度的时空分异特征，各模型拟合结果见表 6-3，2008 年球形模型拟合效果最佳，复相关系数为 0.915；2016 年指数模型拟合效果最佳，复相关系数为 0. 923。

从表 6-3 中可以看出，两个时段景观生态安全度指数的基台值(C_0)分别为 0.00719 和 0.00804，基台值增加，表明景观生态安全性的空间分布差异呈增大趋势，主要是由于土地经营、退耕还林等人为干扰使景观生态安全的空间分布更具人类目的性，加大了空间分布的差异性。块金值与基台值之比(C_0/C_0+C)在 2008 年和 2016 年分别为 28.5%和 32.6%，表明以地形、气候为主的结构性自然因素仍是研究区景观生态安全度空间分布的决定性因素，但 C_0/C_0+C 逐渐增大，表明非结构性因素的影响作用力强化，即人为干扰强化了对元谋景观生态安全空间分布的影响力。自然因素中，特殊的山地地形及水、汽、热在空间上的组合条件等结构因素决定了景观生态安全度的空间上具有非均质性，而经济和社会的发展使人为干扰的作用对景观生态安全的影响力增强显，未利用地的开发、开垦耕地、城市扩张及退耕还林等人类活动改变了景观格局和景观生态质量，使景观生态安全性变化更为复杂。变程(A_0)反映了人为开发利用活动在空间上的相关性，这种相关性尤其受到不同土地利用方式的地域分布差异的强烈约束。2008 年研究区变程(A_0)为 764.82m，2016 年

A_0为 2031.65m，为 2008 年的 2.66 倍，变程值明显增大。自然状态下，干热河谷地形破碎使景观类型的空间自相关性范围相对较短，但是人为因素却能通过改变土地利用方式影响空间自相关性的范围。在土地的开发利用过程中，人类有目的有意识且同质化的土地利用方式使景观类型的空间分布约束作用强化，景观分布的趋同性增强，因而空间相关性的范围明显扩大。

表 6-3 半变异函数参数

时期	模型	块金值	基台值	变程	块金/基台值	R^2	RSS
2008 年	球形	0.00205	0.00719	764.82	0.285	0.915	1.821×10^{-6}
	指数	0.00231	0.01144	993.12	0.202	0.802	2.307×10^{-6}
	线性	0. 00457	0.01206	2199.36	0.379	0.819	2.491×10^{-6}
	高斯	0.03078	0.07489	1355.78	0.411	0.811	2.833×10^{-4}
2016 年	球形	0.00215	0.00470	3378.43	0.457	0.899	1.877×10^{-6}
	指数	0.00262	0.00804	2031.65	0.326	0.923	1.905×10^{-6}
	线性	0.00134	0.00511	1735.10	0.262	0.732	3.158×10^{6}
	高斯	0.00635	0.01433	3542.71	0.443	0.683	2.672×10^{-7}

注：C_0为块金值，C为偏基台值，C_0+C为基台值，A_0为变程，R^2为复相关系数，RSS 为残差。

第五节 景观生态安全时空动态结论

基于遥感和 GIS 技术，构建景观生态安全度模型，结合空间自相关、地统计学研究了元谋干热河谷景观生态安全的时空变化特征。

(1) 2008 年和 2016 年元谋各种区域景观生态安全指数均处于临界安全状态。景观生态安全格局指数(LESP)由 0.493 降至 0.465，这主要是由于草地和未利用的减少以及建设用地的增加，使得斑块数量增多，景观破碎化程度提升。景观生态质量指数(LEQ)由 0.555 增至 0.559，表明生态环境质量有所提高，主要是由于林地的增加提高了对生态服务价值提高的积极作用，未利用地转化为耕地使植被覆盖度提升。景观生态安全度值(LESD)从 0.524 降至 0.512。

(2) 研究区景观生态安全度值(LESD)的 Moran′ *I* 指数从 2008 年的 0.600 上升至 2016 年的 0.633，元谋景观生态安全度在整体空间上存在正相关关系。元谋景观生态安全度局域自相关格局较为一致，显著性分布区中以高值-高值和低值-低值区域为主。与 2008 年相比，高值-高值聚居区在东部的中高山区域出现了较为连续的空间上分布，表明天然林保护、退耕还林等环境保护措施对中高山区域景观生态安全的促进作用。2016 年低值-低值聚居区在金沙江沿岸坝周低山及中低山区分割明显，正是该区域景观破碎化的反映。

(3) 非结构性因素对元谋景观生态安全空间分布影响作用力增强。干热河谷地区景观生态安全的影响因素中，山地地形及其水热、汽组合条件等自然因素是结构因素，决定了元谋景观生态安全度的空间异质性，非结构因素(人为干扰)作用增强，使景观生态安全变化更为复杂化。

第七章　干热河谷地区综合生态安全及障碍因素研究

综合生态安全是指区域生态整体系统的安全状态，表现为自然因素和人类活动综合作用下一定时空范围区域整体生态环境状况，各种显性和隐性的生态环境问题不至于威胁人类的生存和社会的发展(Gitelson et al.，2002；Watersbayer et al.，2015)。经济和社会的发展，城镇化的推进，土地利用、景观格局及生态系统服务价值的变化，植被覆盖度的时空演化对区域综合生态安全都会造成影响(Grădinaru et al.，2015；Yao et al.，2016)。有学者从地形成因(何永彬等，2000)、坡地生态(王洪等，2014)、植被变化(周旭等，2010)、生态系统退化(钟祥浩，2000)、水土流失(吴云飞，2014)、荒漠化(毛雨景等，2013)等方面研究了干热河谷的生态环境问题，研究表明干热河谷存在生态风险，但现有研究侧重于单一层面简单定性分析，没有对干热河谷区域生态安全的整体状况及其演化状况进行综合量化评价，不能有效阐明干热河谷生态安全的影响因素。鉴于此，本研究基于 DPSIR 结构模型，建立综合生态安全评价指标体系，利用熵权物元模型和综合指数模型对研究区综合生态安全进行评价，利用障碍度模型量化各影响因素的作用力，分析生态安全障碍形成原因，揭示干热河谷综合生态安全演化规律及障碍因素作用机制。

第一节　综合生态安全评价指标体系的构建

一、综合生态安全评价的框架模型

1993 年，欧洲环境署采用系统论方法，在 PSR(压力—状态—响应)模型的基础上提出了驱动力—压力—状态—影响—响应(driving force—pressure—state —impact —response，DPSIR)理论框架模型(张凤太，2016)，从生态环境问题发生因果关系的角度揭示了系统中各种要素的信息耦合关系，遂成为常用的指标体系理论构架依据(表 7-1)。

表 7-1　DPSIR 理论框架构成

系统	要素	释义
DPSIR	驱动力(D)	指引起生态环境变化的内在驱动因素，如人口增长、经济发展、社会结构转变等
	压力(P)	指自然因素或者人类生产、生活和其他干扰给生态环境造成的压力，是生态环境的直接压力来源，如工矿业用地增长、森林砍伐等
	状态(S)	指在各种自然和社会压力下生态环境自身表现的状态，如水土流失状况、耕地数量和质量状况等
	影响(I)	是指生态环境表现状况对人类社会、经济及人类自身的安全的影响，如工业污染对人身健康的影响，水土流失对耕地质量的影响
	响应(R)	指为了实现区域可持续发展，人类在应对各种压力和生态环境问题所采取的对策

目前 DPSIR 框架模型已经被广泛地应用于在土地、农田和水生态安全评价中，但却鲜少应用于特殊地理环境的区域综合生态安全评价中。干热河谷的生态环境复杂，干扰因素众多，为了辨明诸多影响因素的作用力及其作用方式，阐明各生态环境影响因素的因果关系，为生态环境调节提供合理依据。参照已有干热河谷、干旱区环境及干旱区生态安全研究，将 DPSIR 概念框架引入到干热河谷综合生态安全评价当中，其概念模型如图 7-1 所示：

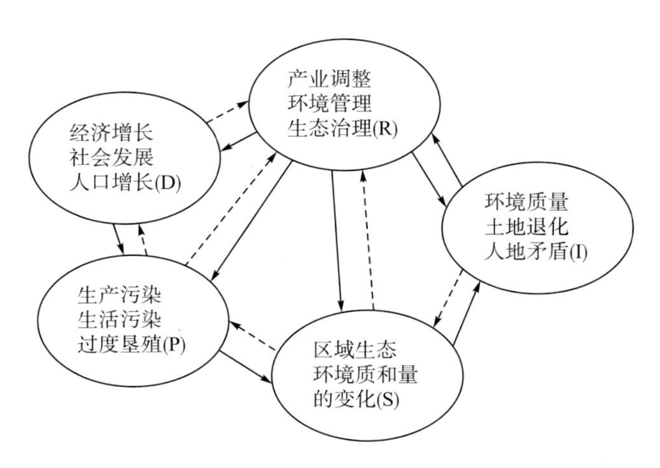

图 7-1　DPSIR 框架模型

社会发展、经济增长与人口增长等因素等驱动因素(D)对生态环境造成较大压力(P)，人类生产和生活产生的污染，过度垦殖，城市扩张对土地资源的占用，土壤侵蚀，各种自然灾害(S)，激发了人与自然之间的矛盾，使各种生态环境问题频发，影响了干热河谷生态环境自身的质量和可持续发展能力(I)，加大了区域生态安全风险，促使人们采取对应措施，制定相应的响应政策，强化生态管理和生态安全调控(R)，实现生态环境与人类自身发展的良性互动。

二、综合生态安全指标体系的构建

本书结合元谋干热河谷的本底特征，遵循指标的科学性、可比性、可获取性及系统性，参考其他研究(张凤太等，2016)，基于 DPSIR 框架模型构建了干热河谷综合生态安全评价指标体系，指标的选择依据如下：

(1)驱动力(D)。干热河谷区域生态环境是自然因素和人为因素相互作用的结果。自然因素奠定了区域生态的自然环境基础，为人类活动的开展提供生态资源。干热河谷人类活动历史悠久，近现代以来人为干扰对干热河谷的生态环境演变作用愈发强烈。进入 21 世纪，经济和社会的发展及城市的扩张使人为干扰影响强度和影响强度显著扩大，成为区域生态环境演变的主要驱动因素。基于此，本研究选取人均 GDP、人口自然增长率、城镇化水平、城乡收入比、经济密度作为衡量驱动力的指标，分别从经济发展速度、人口因素、城市化水平状况、区域间差异性、经济能力对区域生态安全的驱动。

(2)压力(P)：受特殊山地地形地貌、地质及气候干热的影响，干热河谷自然生态环境基础脆弱。悠久的农耕文化使干热河谷区人口稠密，人口超载现象长期存在，是区域生态安全的主要压力源。农业是干热河谷区的主要产业，传统农业的快速发展对土地生态造成了极大的压力。干热河谷土地贫瘠，水土流失严重，而人类的生产和生活使土地压力剧增，土地生态安全风险增强。因此本研究选取人口密度、气候干燥比、单位耕地农药负荷、单位耕地化肥负荷作为压力指标。人口密度反映了人口数量对区域综合生态安全的压力，气候干燥比反映了气候环境对区域生态环境的压力，单位耕地农药负荷和单位耕地化肥负荷反映了农业生产对土地质量安全的压力。

(3)状态(S)：人口负担重，经济和社会发展，高强度的土地利用，城市扩张，造成区域生态系统量和质的变化，表现出与之相应的植被、土地、空气及生态服务功能状态显性或者隐性的变化。因此本研究选取了植被覆盖度、人均耕地面积、森林覆盖率、耕地有效灌溉比、单位耕地粮食产量等指标作为衡量区域生态安全状态指标。植被覆盖度反映了区域植被生态状况，人均耕地面积反映了土地人均资源状况，森林覆盖率反映了土地利用结构，耕地有效灌溉比反映了土地生产条件状态，单位耕地粮食产量反映了土地有效生产状态。

(4)影响(I)：干热河谷生态环境基础脆弱，而人地之间的矛盾突出，引发各种生态环境问题，如土地退化，污染加重，水土流失加剧，影响区域生态质量及可持续发展能力。因此本研究选取人均农民纯收入、农业机械化水平和第三产业结构作为影响指标。农民人均纯收入表示对农民收入的影响，农业机械化水平表示对农业生产效率的影响，第三产业结构表示对产业结构的影响。

(5)响应(R)：干热河谷区域生态系统安全面临各种威胁，反馈到人们的生产和生活中，促使人们采取对应措施。决策者评估区域生态安全状态，根据生态安全驱动力、压力变化情况制定相应的响应政策，采取必要的生态调节措施，加大产业调整及环境管理的力度，实施生态环境治理，以实现区域人地之间的和谐发展。因此本研究选取城市污水集中处理率、工业固废的处理率、农业技术人员、城镇登记失业率。城市污水集中处理率反映了城市环境安全的响应能力，工业固废的处理率反映了区域发展质量安全的响应能力，农业技术人员比例反映了对区域土地管理能力的响应能力，城镇登记失业率反映了经济发展的响应能力。

各指标对区域生态安全的作用方向不同，有的指标对区域生态安全具有正向推动作用，被视为正向指标。有的指标对区域生态安全具有负向推动作用，被视为负向指标。

正向指标包括：人均GDP(C_1)、经济密度(C_5)、人均耕地面积(C_{10})、森林覆盖率(C_{11})、耕地有效灌溉比(C_{12})、植被覆盖度(C_{14})、空气质量综合指数(C_{15})、农民纯收入(C_{16})、农业机械化水平(C_{17})、第三产业比例(C_{18})、城市污水集中处理率(C_{19})、工业固废处理率(C_{20})、农业技术人员比例(C_{21})。正向指标值越大，表明区域生态环境抵御外接冲击与压力能力越强，生态安全状况就越好。

负向指标包括：人口自然增长率(C_2)、城镇化水平(C_3)、城乡收入比(C_4)、人口密度(C_6)、气候干燥比(C_7)、单位耕地农药负担(C_8)、单位耕地化肥负荷(C_9)、城镇登记失业率(C_{22})。负向指标越大，表明区域生态环境抵御外界干扰与压力的能力越弱，生态安全状况就越差。基于 DPSIR 模型的区域综合生态安全评价指标体系如表 7-2。

表 7-2 基于 DPSIR 模型的区域综合生态安全指标体系

系统层	准则层	代码	指标	方向
区域生态安全	驱动(D)	C_1	人均 GDP	正向
		C_2	人口自然增长率	负向
		C_3	城镇化水平	负向
		C_4	城乡收入比	负向
		C_5	经济密度	正向
	压力(P)	C_6	人口密度	负向
		C_7	气候干燥比	负向
		C_8	单位耕地农药负荷	负向
		C_9	单位耕地化肥负荷	负向
	状态(S)	C_{10}	人均耕地面积	正向
		C_{11}	森林覆盖率	正向
		C_{12}	耕地有效灌溉比	正向
		C_{13}	单位耕地粮食产量	正向
		C_{14}	植被覆盖度	正向
		C_{15}	空气质量指数	正向
	影响(I)	C_{16}	农民纯收入	正向
		C_{17}	农业机械化水平	正向
		C_{18}	第三产业比重	正向
	响应(R)	C_{19}	城市污水集中处理率	正向
		C_{20}	工业固体利用率	正向
		C_{21}	农业技术人员比例	正向
		C_{22}	城镇登记失业率	负向

第二节　基于熵权物元评价模型的综合生态安全评价

一、数据的标准化

综合生态安全评价指标众多，指标的数据性质和量纲均具有较大的差异性。为了消除数据之间的差异性对数据处理的影响，采用极差法对原始数据进行标准化处理，其计算公式(余健等，2012)如下：

$$X'_{ij}=\left[X_{ij}-\min\left(X_{ij}\right)\right]/\left[\max\left(X_{ij}\right)-\min\left(X_{ij}\right)\right] \tag{7-1}$$

$$X'_{ij}=\left[\max\left(X_{ij}\right)-X_{ij}\right]/\left[\max\left(X_{ij}\right)-\min\left(X_{ij}\right)\right] \tag{7-2}$$

式中：X'_{ij} 为第i项指标第j年的标准化值；X_{ij} 为第i项指标第 j 年的观测值(i=1，2，3，…，

n；j=1，2，3，…，n)；$\max\left(X_{ij}\right)$为第i项指标的最大值；$\min\left(X_{ij}\right)$为第 i 个指标的最小值。式(7-1)为正向指标计算公式，式(7-2)为负向指标计算公式。

二、指标权重的确定

指标权重表示每个评价指标在区域综合生态安全评价体系的重要性。确定指标权重的方法既有主观方法，如专家咨询法，也有客观方法，如主成分分析法(王鹏，2015)、熵权法(余健等，2012)、分级标准比例法(雷国平，2009)。熵权法通过熵值衡量生态系统紊乱程度和变异程度获得指标权重。因此本研究利用熵权法计算研究区综合安全评价指标的权重，其计算公式如下(余健等，2012)：

$$P_{ij} = X'_{ij} / \sum_{i=1}^{m} X'_{ij} \tag{7-3}$$

$$g_i = 1 - \left[-k \sum_{i=1}^{m} p_{ij} \ln p_{ij} \right] \tag{7-4}$$

式中：g_i为第 i 项指标的差异性系数；w_i为第 i 个指标的权重，$k = 1/\ln m$。将评价指标输入式(7-3)和式(7-4)，以熵权法计算每个评价指标的权重值，得到指标的权重值结果为：W_i= {0.0551，0.0542，0.0574，0.0595，0.0503，0.0638，0.0286，0.0540，0.0384，0.0335，0.0317，0.0452，0.0257，0.0377，0.0405，0.0610，0.0632，0.035，0.0667，0.044，0.0245，0.030}。可见人口密度、农民纯收入、农业机械化水平、城市污水集中处理率因子权重较大，反映了这些因素变异程度较大。

三、物元评价模型

物元模型(蔡文，1994)以形式化的模型研究事物拓展的可能性和开拓规律。传统的单项指标评价结果很难兼容，难以综合解释研究问题。模糊物元分析法在解决不相容的复杂问题中具有优势，适用于综合生态安全多指标评价。因此本研究建立综合生态安全评价物元模型对研究区综合生态安全进行评价。物元模型的步骤和公式如下(蔡文，1994)：

1. 构造模糊物元

物元分析中所描述的对象(即综合生态安全)$\boldsymbol{T}$及特征向量$\boldsymbol{C}$和特征量值$\boldsymbol{v}$组成综合生态安全物元$\boldsymbol{R} = (\boldsymbol{T}, \boldsymbol{C}, \boldsymbol{v})$，如果对象$\boldsymbol{N}$有 n 个特征向量$\boldsymbol{C}_1$，$\boldsymbol{C}_2$，$\boldsymbol{C}_3$，…，$\boldsymbol{C}_n$及其对应的量值v_1，v_2，v_3，…，v_n则称$\boldsymbol{R}$为$\boldsymbol{n}$维模糊物元。m 个对象(X=1，2，…，m)的$\boldsymbol{n}$维物元在一起便构成 m 个对象的 n 维复合模糊物元$\boldsymbol{R}_{mn}$，相应的物元矩阵表示为

$$\boldsymbol{R}_{mn} = \begin{bmatrix} R_{11} & R_{21} & \cdots & R_{m1} \\ R_{12} & R_{22} & \cdots & R_{m2} \\ \vdots & \vdots & & \vdots \\ R_{1n} & R_{2n} & \cdots & R_{mn} \end{bmatrix} \tag{7-6}$$

2. 确定经典域及节域物元矩阵

综合生态安全的经典域物元矩阵可表示为

$$\boldsymbol{R}_{oij}=(T_{oj},\boldsymbol{C}_i,V_{oij}) \tag{7-7}$$

式中：$\boldsymbol{R}_{oij}$ 为经典域物元；T_{oj} 为所划分区域综合生态安全的第 j 个评价等级；$\boldsymbol{C}_i$ 代表特征向量(i=1，2，…，n)；V_{oij} 为第 i 个特征向量对应等级j的量值范围$\left(a_{oij},\ b_{oij}\right)$，即经典域。经典域复合物元矩阵可表示为

$$\boldsymbol{R}_{oij}=\begin{bmatrix}\left(a_{o11},b_{o11}\right) & \left(a_{o21},b_{o21}\right) & \cdots & \left(a_{oj1},b_{oj1}\right)\\ \left(a_{o12},b_{o12}\right) & \left(a_{o22},b_{o22}\right) & \cdots & \left(a_{oj2},b_{oj2}\right)\\ \vdots & \vdots & & \vdots\\ \left(a_{o1i},b_{o1i}\right) & \left(a_{o2i},b_{o2i}\right) & \cdots & \left(a_{oji},b_{oji}\right)\end{bmatrix} \tag{7-8}$$

综合生态安全的节域物元矩阵表示为

$$\boldsymbol{R}_P=\left(T_p,\boldsymbol{C}_i,\boldsymbol{V}_{pi}\right)=\begin{bmatrix}T_P & C_1 & \left(a_{p1},b_{p1}\right)\\ & C_2 & \left(a_{p2},b_{p2}\right)\\ & \vdots & \vdots\\ & C_n & \left(a_{pn},b_{pn}\right)\end{bmatrix} \tag{7-9}$$

式中：$\boldsymbol{R}_P$ 为节域物元，$\boldsymbol{V}_{pi}$ 为节地域物元关特征 $\boldsymbol{C}_i$ 的量值范围$(a_{pi},\ b_{pi})$。

3. 确定关联函数及关联度

$$K_{(C_i)_j}=\begin{cases}\dfrac{-\rho_{ij(v_i,V_{oij})}}{\left|V_{oij}\right|}, & v_i\in V_o\\[2ex] \dfrac{\rho_{ij(v_i,V_{oij})}}{\rho_{pi}\left(v_i,V_{pi}\right)-\rho_{ij(v_i,V_{oij})}}, & v_i\notin V_o\end{cases} \tag{7-10}$$

式中：$K_{(C_i)_j}$ 为第 i 项指标相应于第 j 生态安全等级的关联度。

$$\begin{cases}\rho_{ij(v_i,V_{oij})}=\left|v_i-\dfrac{1}{2}\left(a_{oij}+b_{oij}\right)\right|-\dfrac{1}{2}\left(b_{oij}-a_{oij}\right)\\[2ex] \rho_{pj(v_i,V_{oij})}=\left|v_i-\dfrac{1}{2}\left(a_{pi}+b_{pi}\right)\right|-\dfrac{1}{2}\left(b_{pi}-a_{pi}\right)\end{cases} \tag{7-11}$$

式中：$\rho_{ij(v_i,V_{oij})}$ 为点 v_i (特征向量 $\boldsymbol{C}_i$ 的量值)与对应特征向量有限区间 $V_{oij}=[a_{oji},b_{oji}]$ 的距离；$\left|V_{oij}\right|$ 为 $\left|b_{pi}-a_{pi}\right|$；$v_i$、$V_{oij}$、$v_{pi}$ 分别为待评综合生态安全物元的量值、经典域物元的量值范围和节域物元的量值范围。

4. 计算区域综合生态安全关联度确定评价等级

待评对象 T_X $(X=1，2，3，\cdots，m)$ 关于等级j的区域综合生态安全关联度 $K_{j(T_X)}$ 为

$$K_{j(T_X)}=\sum_{j=1}^{n}w_iK_{(C_i)j} \tag{7-12}$$

式中：w_i为各评价指标的权重。若$K_{ij}=\max\left[K_{(C_i)j}\right]$，则评价对象第$i$个指标属于综合生态安全等级$j$；若$K_{jX}=\max\left[K_{(C_i)j}\right]$，则待评对象$T_X$属于综合生态安全等级$j$。

四、物元模型域与节域确定

表 7-3 区域生态安全指标经典域和节域

评价指标	经典域区间					节域区间
	I	II	III	IV	V	
C_1	[30000，60000)	[20000，30000)	[10000，20000)	[6000，10000)	[1000，6000)	[1000，60000)
C_2	[0，2)	[2，3)	[3，5)	[5，8)	[8，12)	[0，12)
C_3	[10，30)	[30，40)	[40，55)	[55，70)	[70，80)	[10，80)
C_4	[0，1.2)	[1.2，1.8)	[1.8，2.8)	[2.8，3.8)	[3.8，5)	[0，5)
C_5	[300，600)	[200，300)	[105，200)	[55，105)	[1，55)	[1，600)
C_6	[0，20)	[20，50)	[50，80)	[80，110)	[110，180)	[0，180)
C_7	[0，1.0)	[1.0，1.7)	[1.7，3.0)	[3.0，8.0)	[8.0，16)	[0，16)
C_8	[0，10)	[10，20)	[20，25)	[25，40)	[40，80)	[0，80)
C_9	[0，275)	[275，350)	[350，420)	[420，600)	[600，900)	[0.900)
C_{10}	[0.36，0.5)	[0.28，0.36)	[0.2，0.28)	[0.1，0.2)	[0.053，0.1)	[0.053，0.50)
C_{11}	[80，100)	[60，80)	[40，60)	[30，40)	[10，30)	[10，100)
C_{12}	[60，65)	[50，60)	[40，50)	[20，40)	[5，20)	[5，65)
C_{13}	[6500，7500)	[5500，6500)	[4000，5500)	[2500，4000)	[800，2500)	[800，7500)
C_{14}	[0.75，1.0)	[0.60，0.75)	[0.4，0.60)	[0.15，0.5)	[0，0.15)	[0，1.0)
C_{15}	[0.5，1)	[1，1.9)	[1.9，2.9)	[2.9，3.9)	[3.9，5)	[0，5)
C_{16}	[10000，17000)	[5000，10000)	[3000，5000)	[2000，3000)	[1000，2000)	[1000，17000)
C_{17}	[3,3,5)	[2.5，3.5)	[2，2.5)	[1，2)	[0，1)	[0，3.5)
C_{18}	[45，60)	[36，45)	[30，36)	[20，30)	[10，20)	[10，60)
C_{19}	[90，100)	[75，90)	[50，75)	[40，50)	[25，40)	[25，100)
C_{20}	[70，80)	[60，70)	[50，60)	[40，50)	[0，40)	[0，80)
C_{21}	[100，160)	[85，100)	[60，85)	[40，60)	[20，40)	[20，160]
C_{22}	[1，2)	[2，3)	[3，4)	[4，4.5)	[4.5，5)	[1，5)

表 7-4　区域综合生态安全等级含义

等级	评语	安全特征描述
Ⅰ	理想安全	生态环境质量好，生态资源充足且质量好，生态系统功能完善，生态系统结构合理
Ⅱ	较安全	生态环境质量良好，生态资源较为充足且质量较好，生态系统主要服务功能良好，生态系统结构发生微弱变化
Ⅲ	临界安全	生态环境质量下降，生态资源基本充足，生态系统主要服务功能基本正常，生态系统结构发生一定程度变化，尚在许可范围
Ⅳ	较不安全	生态环境质量大大下降，生态资源短缺，生态环境退化，生态系统主要服务功能大量丧失，生态系统结构有较大变化，出现较大程度失衡
Ⅴ	极不安全	生态环境恶劣，生态功能严重或完全丧失，生态资源严重短缺，生态压力超出其承载能力，生态系统结构严重失衡

五、综合生态安全评价结果分析

1. 综合生态安全单指标关联度

将待评物元(综合生态安全)输入物元模型式(7-6)～式(7-11)，计算各评价指标从2005～2015年的综合生态安全单指标关联度(表 7-5)。以 2005 年 C_1 指标(人口密度)为例介绍各参数的指示意义，将 v_1=4442 输入相应的公式，其关联值为 0.333，则该指标属于级别Ⅴ，即“不安全”水平，同理可得其他指标关联度数值及其相应的等级(表 7-5)。

表 7-5　区域综合生态安全单指标生态安全关联度和等级表

关联指标	2005						2006	2007	2008	2009	2010	2011	2012	2013	2014	2015
	Ⅰ	Ⅱ	Ⅲ	Ⅳ	Ⅴ	等级										
$K_{(C1)j}$	−0.876	−0.815	−0.600	−0.280	0.333	Ⅴ	Ⅴ	Ⅳ	Ⅳ	Ⅳ	Ⅳ	Ⅲ	Ⅲ	Ⅲ	Ⅲ	Ⅲ
$K_{(C2)j}$	−0.312	−0.153	0.220	−0.268	−0.543	Ⅲ	Ⅲ	Ⅲ	Ⅲ	Ⅲ	Ⅲ	Ⅰ	Ⅲ	Ⅲ	Ⅲ	Ⅲ
$K_{(C3)j}$	0.426	−0.230	−0.487	−0.658	−0.743	Ⅰ	Ⅰ	Ⅰ	Ⅰ	Ⅱ	Ⅱ	Ⅰ	Ⅰ	Ⅰ	Ⅱ	Ⅱ
$K_{(C4)j}$	−0.524	−0.435	−0.178	0.276	−0.486	Ⅳ	Ⅴ	Ⅴ	Ⅴ	Ⅴ	Ⅴ	Ⅴ	Ⅴ	Ⅴ	Ⅴ	Ⅴ
$K_{(C5)j}$	−0.850	−0.775	−0.689	−0.170	0.259	Ⅴ	Ⅴ	Ⅳ	Ⅳ	Ⅳ	Ⅳ	Ⅲ	Ⅲ	Ⅲ	Ⅲ	Ⅲ
$K_{(C6)j}$	−0.521	−0.411	−0.234	0.094	−0.079	Ⅳ	Ⅳ	Ⅳ	Ⅳ	Ⅳ	Ⅳ	Ⅳ	Ⅳ	Ⅳ	Ⅳ	Ⅳ
$K_{(C7)j}$	−0.388	−0.274	0.110	−0.090	−0.659	Ⅲ	Ⅲ	Ⅲ	Ⅲ	Ⅲ	Ⅲ	Ⅳ	Ⅳ	Ⅲ	Ⅲ	Ⅲ
$K_{(C8)j}$	−0.500	−0.624	−0.665	−0.726	−0.784	Ⅰ	Ⅱ	Ⅲ	Ⅲ	Ⅲ	Ⅲ	Ⅲ	Ⅲ	Ⅱ	Ⅱ	Ⅱ
$K_{(C9)j}$	−0.581	−0.523	−0.465	−0.126	0.169	Ⅳ	Ⅴ	Ⅴ	Ⅴ	Ⅴ	Ⅴ	Ⅴ	Ⅴ	Ⅴ	Ⅴ	Ⅴ
$K_{(C10)j}$	−0.800	−0.729	−0.582	0.308	−0.190	Ⅳ	Ⅳ	Ⅳ	Ⅳ	Ⅳ	Ⅳ	Ⅳ	Ⅳ	Ⅳ	Ⅳ	Ⅳ
$K_{(C11)j}$	−0.420	−0.308	−0.144	−0.098	0.122	Ⅴ	Ⅴ	Ⅴ	Ⅴ	Ⅴ	Ⅴ	Ⅴ	Ⅴ	Ⅳ	Ⅳ	Ⅳ
$K_{(C12)j}$	−0.448	−0.305	−0.060	0.068	−0.407	Ⅳ	Ⅳ	Ⅲ	Ⅲ	Ⅲ	Ⅲ	Ⅲ	Ⅲ	Ⅲ	Ⅲ	Ⅲ
$K_{(C13)j}$	−0.349	−0.233	−0.078	−0.384	−0.569	Ⅲ	Ⅲ	Ⅲ	Ⅲ	Ⅱ	Ⅲ	Ⅱ	Ⅲ	Ⅲ	Ⅲ	Ⅲ
$K_{(C14)j}$	−0.301	−0.142	0.178	−0.175	−0.279	Ⅲ	Ⅲ	Ⅲ	Ⅲ	Ⅲ	Ⅲ	Ⅲ	Ⅳ	Ⅲ	Ⅲ	Ⅲ
$K_{(C15)j}$	−0.118	0.233	−0.121	−0.335	−0.472	Ⅱ	Ⅱ	Ⅱ	Ⅱ	Ⅱ	Ⅰ	Ⅱ	Ⅱ	Ⅱ	Ⅰ	Ⅱ
$K_{(C16)j}$	−0.796	−0.541	−0.081	0.097	−0.313	Ⅳ	Ⅲ	Ⅲ	Ⅲ	Ⅲ	Ⅲ	Ⅱ	Ⅱ	Ⅱ	Ⅱ	Ⅱ

续表

关联指标	2005						2006	2007	2008	2009	2010	2011	2012	2013	2014	2015
	I	II	III	IV	V	等级										
$K_{(C17)j}$	−0.837	−0.822	−0.720	−0.510	1.478	V	V	V	V	V	V	V	V	V	V	V
$K_{(C18)j}$	−0.252	0.064	−0.057	−0.245	−0.434	II	II	II	II	II	II	II	III	III	II	II
$K_{(C19)j}$	0.750	−0.300	−0.785	−0.860	−0.883	II	II	II	II	II	II	II	II	II	II	II
$K_{(C20)j}$	−0.321	0.056	−0.050	−0.367	−0.620	II	II	II	II	II	I	I	I	I	I	I
$K_{(C21)j}$	−0.915	−0.896	−0.830	−0.661	0.533	V	IV	IV	IV	IV	IV	IV	IV	IV	IV	IV
$K_{(C22)j}$	−0.391	0.077	−0.067	−0.378	−0.491	II	II	II	II	II	II	II	II	II	II	II

(1)不安全指标：约32%的指标长期且稳定的处于“较不安全”和“极不安全”等级中，包括城乡收入比(C_4)、人口密度(C_6)、单位耕地化肥负荷(C_8)、人均耕地面积(C_{10})、森林覆盖率(C_{11})、农业机械化水平(C_{17})、农业技术人员数量(C_{21})等指标。这些指标反映了人口、农业因素、土地利用结构对研究区综合生态安全的不利影响。元谋人类活动历史悠久，人口稠密，尤其是新中国成立以来人口增长迅速。计算元谋生态环境承载力，当元谋达到温饱型时，人口密度的上限是103.68人/km^2；为小康型时，人口密度上限是90.73人/km^2；为富裕型时，人口密度上限是65.99人/km^2。从图7-2中可以看出，2005年后，人口密度超出了元谋生态环境承载力。而从人口密度曲线变化趋势来看，人口超载现象将长期存在。随着元谋经济发展阶段的提升，人口与生态环境的矛盾将更为激烈。元谋人口分布非常不均匀，约80%的人口分布在海拔1350m以下的干热河谷区，此地带的人口压力非常大，而坝周低山区的生态环境非常脆弱，高人口密度及频繁的人为干扰是坝周低山区的生态环境产生的主要原因。人口增长使人均区域资源减少，人均耕地资源数量不足。城市的迅速扩张占用了大量平地平田，为了满足不断增长的人口对生态资源的需求，只能开垦更多的坡耕地。坡耕地土质疏松，保水性能差，易造成水土流失或者撂荒，成为干热河谷区生态问题的主要症结类型。元谋的农业模式是典型的高投入高产出型，传统种植型农业机械化水平低，农业技术力量弱。作为云南省最大的冬早蔬菜生产基地，农作物复种指数达158.7%，土地利用强度大。化肥的使用基本维持了土地的肥力，保证了单位耕地粮食产量。但化肥的使用造成了耕地的土壤污染，是不可持续的农业生产方式。依靠化肥支撑土壤肥力，土地化肥负荷长期超重，土壤板结，加速了土壤侵蚀，降低了土地肥力。如今元谋干热河谷投入100kg化肥的粮食产量仅相当于20世纪70年代施用35kg化肥的生产水平。返季蔬菜生产与雨季时空不一致，传统沟渠灌溉浸泡田地使大量水消耗在植物以外的土地上以及被蒸发，水资源浪费同时造成土壤养分流失，加剧了水土流失的风险。20世纪50年代以来，元谋的森林遭到大规模的砍伐，到80年代初森林覆盖率时已经处于10%以下，对区域水土涵养造成了极大的破坏。近20年来，元谋的森林覆盖率得到一定程度的提升，但仍然处在较低的水平。2015年，元谋的森林覆盖率为46.6%，与全省平均水平55.7%还有一定差距，且元谋的森林成分以灌木林为主，有林地少，因此森林水土保持功能受影响。以中、低覆盖度草地为主的中低山区和坝周地山区水土流失更为严重。

农业人口占主要就业人口的70%以上，但农业技术人员比例偏低，农业发展层次低，对土地的依赖程度高，将使土地生态安全长期保持高压状态。这些指标处于不安全状态表明干热河谷综合生态安全存在多重风险，既有原生性自然环境的因素，也有人口不均匀分布，农业生产条件差，生产技术落后等人为因素，因此综合生态安全形势复杂。

(2)临界安全状态指标：约41%的指标处于临界生态安全等级，包括人均GDP(C_1)、人口自然增长率(C_2)、经济密度(C_5)、气候干燥比(C_7)、单位耕地农药负荷(C_8)、耕地有效灌溉比(C_{12})、单位耕地粮食产量(C_{13})、植被覆盖度(C_{14})、农民纯收入(C_{16})，这些指标多表征经济、自然生态环境、土地质量状态。其中人均GDP(C_1)、人口自然增长率(C_2)、单位耕地农药负荷(C_8)、经济密度(C_5)、单位耕地粮食产量(C_{13})、农民纯收入(C_{16})呈现良性发展趋势，气候干燥比(C_7)、植被覆盖度(C_{14})保持较为平稳的状态，而耕地有效灌溉比(C_{12})安全等级下降。干热河谷区域自然生态基础较差，气候干燥炎热，水分蒸发比例失衡，是植被覆盖度低、土地荒漠化及水土流失形势严峻的主要原因，十年来干热河谷的植被覆盖度和气候干燥比保持了平稳状态，表明干热河谷的自然生态环境状态较为平稳，没有发生非常极端的现象。随着干热河谷的经济和社会发展迅速，人均GDP和GDP总量增长约4倍，较大地缩小了与全国平均水平的差距，使经济和社会水平对综合生态安全的影响降低。早期蔬菜生产和商品粮的生产使农药的使用增加，单位耕地的农药负担处于临界安全状态。后期由于发展生态农业和多种农业经营，农药的使用受到控制，农药使用对土地生态安全的危害性降低。经济和社会的发展使人们的生态环境意识增强，经济和技术能力有了显著的发展，提升了生态环境调控能力。人们通过天然林、退耕还林还草及水土流失、荒漠化治理等一系列生态修复工程有利地促进了干热河谷区域生态安全的调节。干热河谷水资源主要分布在坝区，水库在其他高程带也有零星分布，耕地主要分布在坝区和坝周低山区。坝区的耕地由于靠近水源及水渠的修建能得到有效的灌溉，但坝周低山的引水设施少，很难得到足够的水资源保障，而坝周低山的水分蒸发比例失衡最为突出。坝周低山坡耕地比例扩大，但配套灌溉设施并没有及时得到修建，因而耕地有效灌溉比(C_{12})比例下降，其安全等级下降。经济、自然生态环境、土地质量状态处于临界安全状态，这些指标占总指标的比例高，虽有部分指标趋好，但并没有达到安全等级，表明元谋综合生态安全状况并不稳定，需进一步改善。

(3)较为安全状态指标：约27%的指标处于较为安全等级，包括城镇化水平(C_3)、空气质量指数(C_{15})、第三产业比重(C_{18})、工业固体废物利用率(C_{19})、城市污水集中处理率(C_{20})、城镇登记失业率(C_{22})长期处于稳定的安全状态，这些指标状态反映了城市管理能力和产业结构调整方面能力的提升对区域综合生态安全的促进作用。农业是干热河谷主要经济产业，近年来第三产业发展势头良好，工业污染少，使空气保持较好的质量。十年间，元谋的城市化水平从25.4%增长至32.11%，城市化虽然占用了一定的平地平田，但对整体生态环境的影响不大，通过有效的市政工程的设施及城市绿地的修建使城区的生态安全有了较好的保障。城镇登记失业率维持在2%～3%，指标值表现良好，表明区域经济发展具有稳定性。这些指标的安全状态说明积极的人为活动有利于综合生态安全水平的提升。

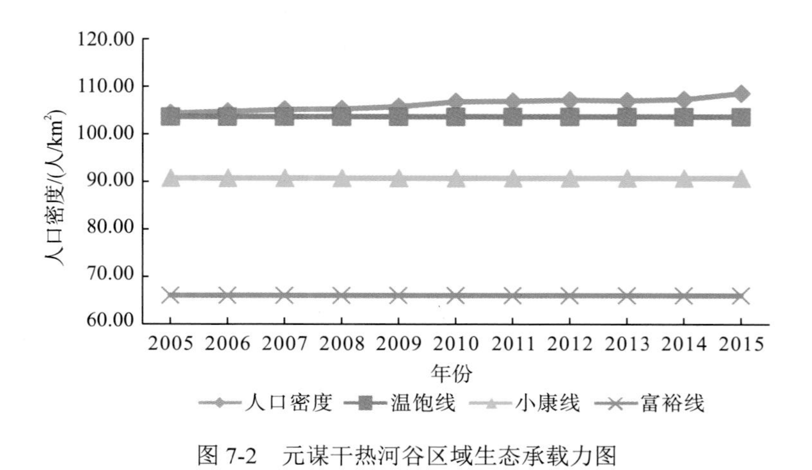

图 7-2 元谋干热河谷区域生态承载力图

4. 区域综合生态安全区域综合关联度

利用式(7-12)计算各年份区域综合生态安全综合关联度并确定其相应等级(表 7-6)。从表中可以看出：十余年间元谋区域综合生态安全关联度等级逐步发生变化，2005～2006 年处于向“极不安全”转化等级，2007～2009 年处于向“较不安全”转化等级，2010～2011 年处于向“临界安全”转化等级，2012～2015 年处于向“较为安全”转化等级。十余年间，区域综合生态安全关联等级不断提升，表明元谋区域综合生态安全形势好转，但仍没有真正达到“较安全”状态，且 2012 年后关联度值持续降低，虽然仍然处于向“较安全”转化等级，但关联度降低，表明区域综合生态安全状况下降，进一步反映了元谋区域综合生态安全形势的不稳定性。

表 7-6 综合生态安全综合关联度和等级

年份	综合关联度					等级
	I	II	III	IV	V	
2005	-0.471	-0.295	-0.198	-0.162	-0.156	向V转化
2006	-0.545	-0.265	-0.203	-0.154	-0.121	向V转化
2007	-0.535	-0.192	-0.163	-0.139	-0.197	向IV转化
2008	-0.521	-0.218	-0.170	-0.137	-0.225	向IV转化
2009	-0.497	-0.213	-0.155	-0.157	-0.257	向IV转化
2010	-0.468	-0.208	-0.138	-0.163	-0.327	向III转化
2011	-0.401	-0.175	-0.167	-0.201	-0.360	向III转化
2012	-0.417	-0.080	-0.129	-0.167	-0.290	向II转化
2013	-0.334	-0.096	-0.148	-0.187	-0.362	向II转化
2014	-0.338	-0.118	-0.159	-0.202	-0.392	向II转化
2015	-0.347	-0.128	-0.161	-0.226	-0.455	向II转化

第三节　基于综合指数法的区域综合生态安全评价

一、综合指数模型

综合指数评价法是一种常用的生态安全评价方法，许多研究将综合指数法与物元分析法结合应用于区域综合生态安全评价中，以加深对研究结果的剖析。本研究认为综合指数法既可以作为物元法的辅助研究方法，自身与多元统计方法结合也可以挖掘关于综合生态安全更多的信息。因此，基于综合指数法建立了元谋干热河谷综合生态安全评价综合指数，其计算公式为(余健等，2012)

$$F_j = \sum_{i=1}^{n} w_i \times X'_{ij} \tag{7-13}$$

式中：F_j为第j年区域综合生态安全综合指数，W_i为第i个指标的权重，X'_{ij}为第i项指标第j年的标准化值。

二、区域综合生态安全评价

1. DPSIR 分类指标的变化

从图 7-3 中可以看出，驱动力指数于 2005～2011 年间从 0.069 增长至 0.236，之后呈现下降趋势，表明经济、社会、人口对区域综合生态安全的驱动作用经历前期的快速增强后出现下滑；压力指数在 2006 年达到其最高值 0.139 后总体呈现下降趋势，表明区域综合生态安全指数表现下滑，区域综合生态安全压力增大。压力指数的变化状况较为复杂，先后经历三个波峰和波谷，表明人口、经济、耕地质量造成的综合生态压力状态非常不稳定；状态指数从 2004 年 0.045 波动增长至 2012 年的 0.154 后又呈现下降趋势，表明区域综合生态安全状态前期好转，但后期又有所下降；影响指数从 2005 年的 0.011 增长至 2015 年的 0.137，尤其是在 2008～2009 年快速增长近一倍，表明人类活动的改善对区域综合生态安全有积极的作用；响应指数从 2005 年的 0.046 波动增长至 2013 年的 0.195 后有所下降，但总体上的增长幅度较快，表明人类的响应能力前期提高较快，后期表现乏力。驱动力指数、压力指数、状态指数、影响指数及响应指数的平均值为 0.141、0.069、0.110、0.088 和 0.129，总体表现而言，驱动力指数＞响应指数＞状态指数＞影响指数＞压力指数。但值得注意的是，所有指数值都偏低，说明干热河谷综合生态安全各层面因素表现不太好。

2. DPSIR 分类指数相关性分析

从表 7-7 中可以看出，在区域综合生态安全 DPSIR 分类指标中，驱动指数和状态指数之间的相关系数为 0.654 且通过了 0.05 水平的显著性检，表明驱动因素与状态指数有正相关关系，且正相关性显著。驱动指数和影响指数之间的相关系数为 0.872，且通过了 0.01 水平的显著性检验，表明驱动因素与影响指数有正相关关系，且正相关性非常显著。驱动指数与响应指数相关系数不高且不明显。压力指数与其他指数之间都存在负相关关系，但不明显。影响指数与状态指数、响应指数的相关系数分别为0.631、0.662、0.654，且都通过了 0.05 水平的显著性检验，表明状态指数与影响指数、响应指数均有显著的正相关关系。状态指数与响应指数相关系数为正相关关系，但显著性不明显。

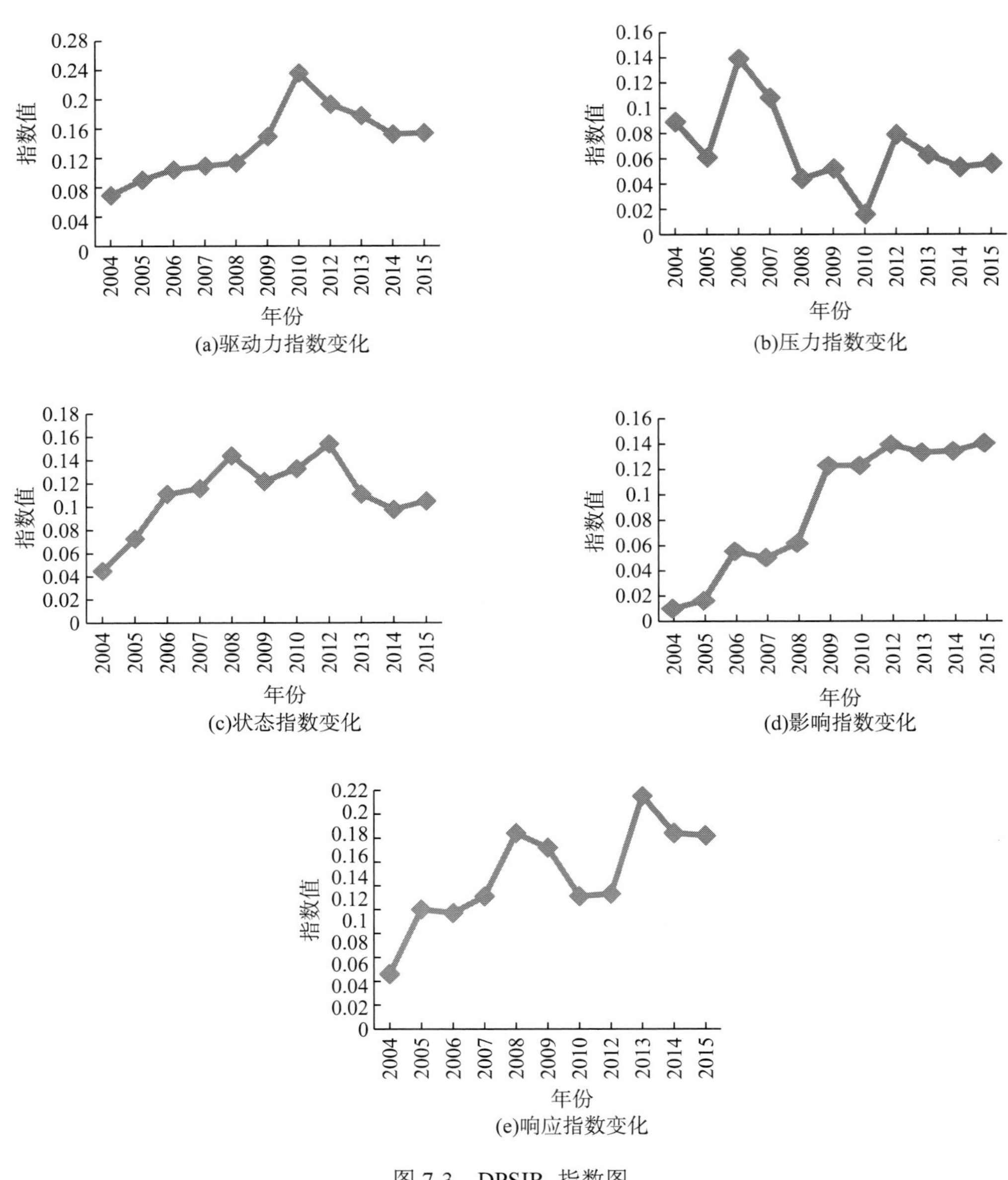

(a)驱动力指数变化

(b)压力指数变化

(c)状态指数变化

(d)影响指数变化

(e)响应指数变化

图 7-3 DPSIR 指数图

表 7-7 DPSIR 分类指数相关性

分类指标	相关系数	驱动力	压力	状态	影响	响应
驱动	Pearson 相关性	1	−0.557	0.654*	0.872**	0.425
	显著性(双侧)		0.094	0.040	0.001	0.220
压力	Pearson 相关性	−0.557	1	−0.230	-0.428	−0.426
	显著性(双侧)	0.094		0.523	0.217	0.220
状态	Pearson 相关性	0.654*	−0.230	1	0.639*	0.498
	显著性(双侧)	0.040	0.523		0.047	0.143
影响	Pearson 相关性	0.872**	−0.428	0.639*	1	0.661*
	显著性(双侧)	0.001	0.217	0.047		0.037
响应	Pearson 相关性	0.425	−0.426	0.498	0.661*	1
	显著性(双侧)	0.220	0.220	0.143	0.037	

注：**表示在 0.1 水平上的显著性相关性，*表示在 0.5 水平上的显著性相关性。

3. 综合生态安全指数演化

从图 7-4 中可以看出生态安全综合指数值从 2005 年的 0.260 迅速增长至 2012 年和 2013 年的 0.676 后有所下降，2015 年又上升，表明干热河谷综合生态安全状况经历前期的大幅改善后又有所下滑，区域综合生态安全形势并不稳定。

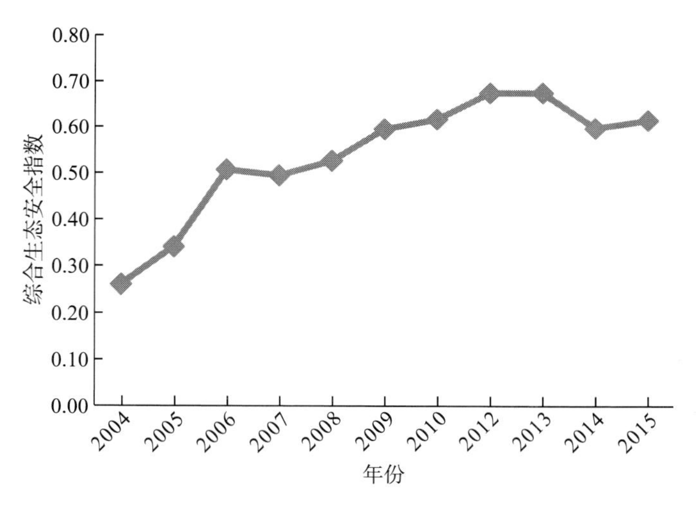

图 7-4 综合生态安全指数图

4. 综合生态安全发展趋势预测

为了研究元谋综合生态安全的趋势，利用时间序列分析法对综合生态安全指数进行模拟预测。指数平滑模型研究表明 2016～2020 年综合生态安全值将会持续小幅提升，但提升幅度较前期小且较为平稳(图 7-5)。预测结果预示着综合指数在未来几年明显提升的可能性较小，元谋综合生态安全将在较长时间内处于向“较安全”转化状态。因此尽管综合生态安全形势有所好转，但从其演化趋势看仍需谨慎关注。结合关联度研究及驱动指数、响应变化趋势综合分析，现有的经济、社会及城市管理能力的提升对区域综合生态安全促进作用力明显减弱，而人口、土壤质量、水资源带来的压力呈现上升趋势，综合生态安全状态改善缺乏深层次动力，难以使综合生态安全实现质的突破达到“较安全级别”。

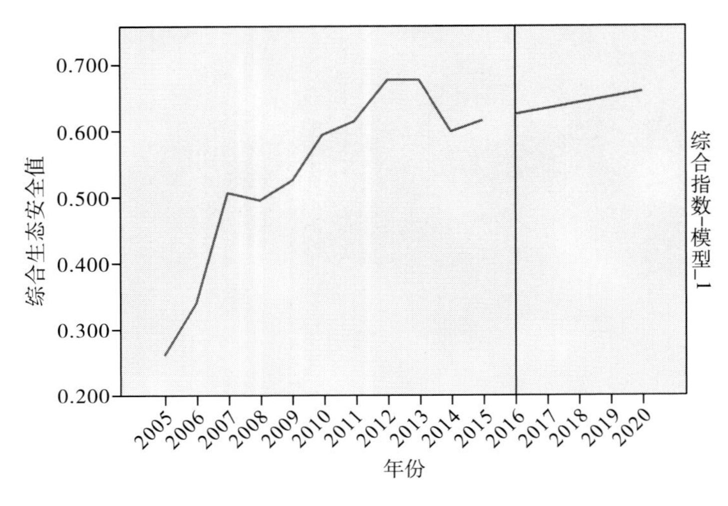

图 7-5 综合得分时间序列预测

第四节 综合生态安全障碍因素

一、综合生态安全障碍度模型

为了深入研究影响元谋干热河谷综合生态安全的障碍因素，揭示每个评价因素的障碍作用大小及障碍因素作用机制，需要评估每个指标和分类指标的障碍度，找出影响综合生态安全的主要障碍因素(张锐等，2013)。本研究建立元谋综合生态安全障碍度模型，模型主要有三个指标：因子贡献度、指标偏离度和障碍度，因子贡献度(W_i)表示每个评价指标对总目标的影响程度，即每个指标在整个指标体系中的指标权重。指标偏离度（U_{ij})表示每个评价指标与综合生态安全目标之间的差距，设为每个指标标准化值与100%之差；障碍度(Y_j，y_j)分别表示第 j 年分类指标和每个指标对综合生态安全总目标的影响，是区域综合生态安全障碍诊断的结果，其公式为(张锐等，2013)

$$U_{ij}=1-X_{ij}^{'} \tag{7-14}$$

$$y_j=U_{ij}\times w_i/\sum_{j=1}^{n}U_{ij}\times w_i\times 100\% \tag{7-15}$$

$$Y_j=\sum_{i=1}^{m}y_j \tag{7-16}$$

利用式(7-14)～式(7-16)计算每个评价因子的障碍度，提取 2005～2015 年影响区域综合生态安全的排名前六位障碍度因子。干热河谷综合生态安全的主要障碍的因子包括人均 GDP(C_1)、人口自然增长率(C_2)、经济密度(C_5)、气候干燥比(C_7)、单位耕地粮食产量(C_{13})、农民纯收入(C_{16})、耕地有效灌溉比(C_{12})、人口密度(C_6)、单位耕地化肥负荷(C_8)、人均耕地面积(C_{10})、农业机械化水平(C_{17})等，不同年份每个因子障碍度不同。

二、综合生态安全单指标障碍度

从表 7-8 中可以看出，研究区综合生态安全的主要障碍因素类型处于动态变化中，每个阶段主要障碍类型均呈现不同的特征，引起综合生态安全状态和趋势发生变化。总的归纳起来大致可以分为三个阶段。

表 7-8　综合生态安全主要障碍性因素

年份	位序	1	2	3	4	5	6
2005	障碍因素	C_{16}	C_1	C_5	C_{17}	C_{10}	C_{18}
	障碍度(100%)	0.109	0.107	0.106	0.105	0.098	0.068
2006	障碍因素	C_{15}	C_{13}	C_{11}	C_3	C_{14}	C_{17}
	障碍度(100%)	0.099	0.093	0.092	0.090	0.089	0.071
2007	障碍因素	C_{16}	C_{17}	C_5	C_{13}	C_1	C_{10}
	障碍度(100%)	0.122	0.089	0.085	0.084	0.084	0.081
2008	障碍因素	C_9	C_{17}	C_{16}	C_5	C_{10}	C_9
	障碍度(100%)	0.099	0.096	0.084	0.084	0.083	0.083
2009	障碍因素	C_{13}	C_9	C_{10}	C_{16}	C_1	C_7
	障碍度(100%)	0.097	0.084	0.082	0.081	0.077	0.076
2010	障碍因素	C_{20}	C_8	C_6	C_1	C_{11}	C_{13}
	障碍度(100%)	0.097	0.082	0.079	0.069	0.068	0.065
2011	障碍因素	C_7	C_{14}	C_7	C_6	C_{13}	C_{16}
	障碍度(100%)	0.143	0.101	0.100	0.082	0.082	0.070
2012	障碍因素	C_7	C_{14}	C_7	C_6	C_{13}	C_{16}
	障碍度(100%)	0.134	0.118	0.098	0.071	0.066	0.049
2013	障碍因素	C_6	C_2	C_{12}	C_{10}	C_8	C_{18}
	障碍度(100%)	0.157	0.164	0.101	0.084	0.083	0.078
2014	障碍因素	C_2	C_6	C_7	C_{12}	C_8	C_3
	障碍度(100%)	0.213	0.177	0.108	0.101	0.078	0.069
2015	障碍因素	C_2	C_7	C_8	C_9	C_{12}	C_{13}
	障碍度(100%)	0.205	0.182	0.122	0.098	0.092	0.075

(1)第一阶段：2005～2008 年，综合生态安全主要障碍因素类型为经济发展水平，这一时期元谋经济水平与全省和全国平均水平差距大，农业技术水平、产业发展水平落后，综合生态安全受到经济能力的限制十分明显。

(2)第二阶段：2009～2011 年，耕地质量和农业生产条件逐渐成为主要障碍类型，经济因素退居其次。随着经济的发展，土地利用强度增大，土地利用中的化肥使用过量和农业生产条件落后问题便凸显出来。而经济发展取得了一定的成就，使经济对综合生态安全造成的影响减小。

(3)第三阶段：2012～2015年，人口因素逐渐成为主要障碍类型，耕地质量成为其次。随着经济能力的提升，人们开始关注耕地质量和生态环境问题，能够采取有效的措施去降低耕地质量和农业生产不足给区域生态安全造成的不利影响，但人口自身的增长却难以控制，人口问题与经济社会发展阶段之间的矛盾显现，人口基数过大使人均资源不足，人口因素遂成为综合生态安全的主要问题。

早期元谋干热河谷综合生态安全主要受制于经济和社会能力(主要是技术能力)的不足，而经济发展使技术障碍较大幅度的减少，但土地质量成为经济发展的代价促使土地生态安全成为区域综合生态安全的焦点，严重威胁了区域生态环境可持续发展能力，也促使人们重新审视经济发展方式，强化土地生态保护。自然生态环境脆弱是干热河谷地区生态安全原生性障碍和关键的桎梏因素，决定了其区域生态承载力有限且无法扩容。虽然元谋干热河谷的人口增长率得到一定控制，但人口基数过大却是无法改变的，因此即使解决了经济、社会、土地等方面的生态安全问题，但人口问题却很难解决，人口因素障碍度不断升高并成为元谋综合生态安全关键问题也说明了这一点。

三、综合生态安全分类指标障碍度

从图7-6中可以看出，十余年间，元谋综合生态安全分类指标的障碍度发生较大的变化。驱动因素障碍度2005～2009年间较为平稳，2009～2013年先降低至谷底(2011年)后明显提升，2013年后又有降低。驱动因素虽然经历波动上升和下降，但总体上呈现下降趋势，下降的幅度在10%左右，表明驱动因素的障碍度略有降低。压力因素的障碍度虽然经历了2011～2013年的波动，但总体障碍度增长十分明显，增长的幅度约为30%，表明压力因素成为区域综合生态安全的主要影响因素。状态障碍度经历了2011～2013年的波动，但总体障碍度增长总体上呈现上升趋势，增长的幅度约为10%，表明状态障碍度变化较为复杂。影响障碍度较为平稳地下降，下降的幅度在22%左右，表明状态因素的障碍度下降较为明显。响应障碍度虽然总体上下降了20%，但状态不稳定，表明响应因素的障碍度变化较为复杂。

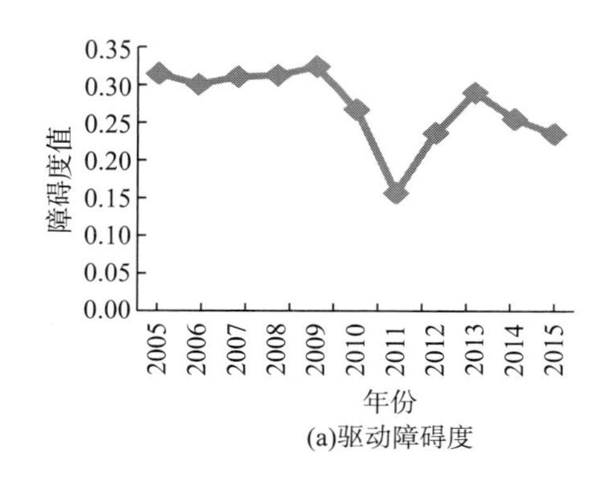

(a)驱动障碍度

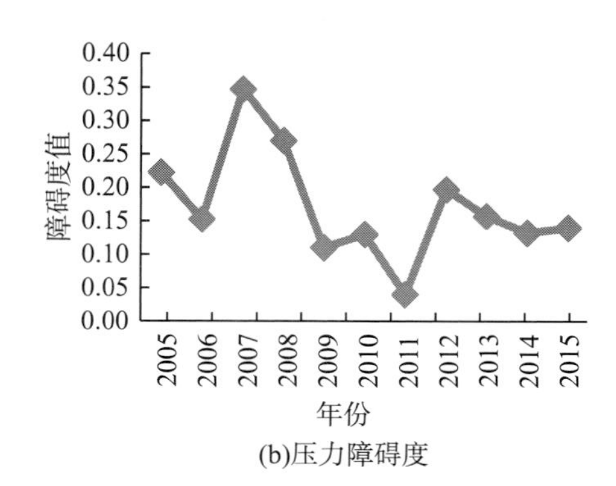

(b)压力障碍度

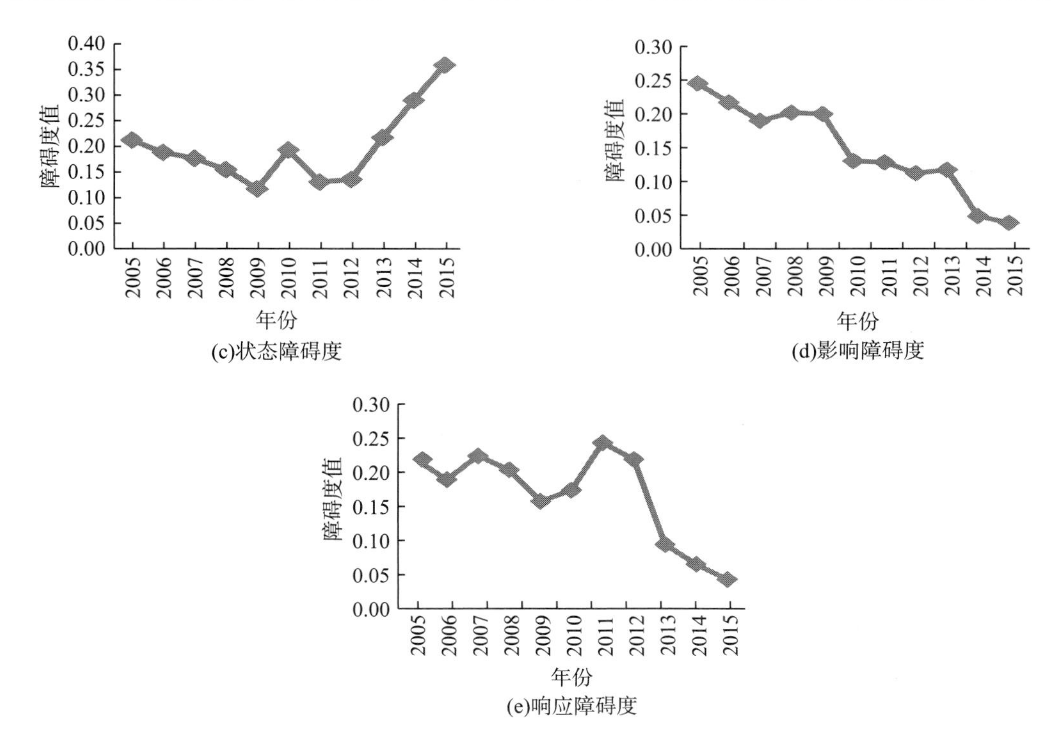

图 7-6　区域综合生态安全障碍度结构比

第五节　综合生态安全与障碍因素结论

(1) 元谋区域综合生态安全经历了“极不安全”—“较不安全”—“临界安全”—“较为安全”四个转化阶段，区域综合生态安全级别持续提升，但仍然没有真正进入“较安全”级别。约 32%的指标长期且稳定的处于“较不安全”和“极不安全”等级中，这些指标反映了人口和农业因素、土地利用结构对区域综合生态安全的不利影响。约 41%的指标处于临界安全状态指标，这些指标多表征经济、自然环境、土地质量状态。约 27%的指标处于较为安全状态，这些指标状态反映了元谋在城市管理能力和产业结构调整方面能力的提升对区域综合生态安全的促进作用。

(2) 元谋区域综合生态安全综合指数总体呈现上升的趋势，2012 年，2013 年达到峰值 0.676，之后又略有下降。驱动力指数、压力指数、状态指数、影响指数及响应指数的平均值为 0.141、0.069、0.110、0.088 和 0.129，总体表现而言，驱动力指数＞响应指数＞状态指数＞影响指数＞压力指数。时间序列分析研究表明区域综合生态安全指数将在未来五年内呈现缓慢增长，元谋区域综合生态安全将在较长时间内处于向“较安全”转化状态。

(3) 元谋区域综合生态安全的主要障碍因素类型发生变化，大致可以分为三个阶段：2005～2008 年，区域综合生态安全主要障碍因素类型为经济发展水平；2009～2011 年，耕地质量和农业生产条件逐渐成为主要障碍类型，经济因素退居其次；2012～2015 年，人口因素逐渐成为主要障碍类型，耕地质量成为其次。

(4)综合生态安全评价指标及等级具有模糊性。熵权物元模型以相对确定的关联度及关联等级使区域生态安全评价能够在较大程度上削弱其不确定性，这也使熵权物元模型在区域综合生态安全评价中得到一定的应用，但研究多停留在生态安全等级的评价。在以往的区域综合生态安全评价研究中，综合指数法常作为物元分析法评价结果的验证方法，其评价结果多用于物元分析法的辅助分析。传统综合指数法具有较大的研究局限性，由于只提供简单的综合指数得分，使综合指数法的研究价值过于简单。本研究突破以往的熵权物元模型结合综合指数法简单指数计算的研究模式，尝试结合数理统计模型对区域综合生态安全 DPSIR 分类指数进行相关性分析，揭示了干热河谷区域综合生态安全的影响因素之间的作用关系，利用时间序列法研究区域综合生态安全指数并实现了区域综合生态安全趋势预测，进一步辨明综合生态安全的发展态势。研究表明利用数理统计方法能够较好地挖掘其在区域生态安全评价中的研究价值。

第八章　元谋干热河谷生态安全评价结果与研究展望

第一节　干热河谷生态安全评价结果

本书采集元谋干热河谷区（元谋全县）基础地理信息数据、DEM 数据、2008 年、2010 年、2012 年、2014 年和 2016 年 Landsat 卫星影像及 2005～2015 年社会和经济等统计数据，以 3S 技术、景观生态学、数理统计等理论和方法分析了 8 年间元谋干热河谷区土地利用和景观格局变化及原因；结合多元统计分析和地理空间统计学，分析了研究区植被覆盖度整体空间格局及特定地形剖面植被覆盖度特征，利用采样网格点植被覆盖度标准差和回归斜率研究了植被覆盖度的时间演变特征，以地理回归模型探索高程因素对植被覆盖度的影响及其变化；以土地利用数据分析了研究区生态系统服务静态价值及其变化，从支付能力、支付意愿和环境调节能力三个方面调整生态系统服务动态价值系数，分析了生态系统服务动态价值及其变化；以景观格局指数、生态服务价值和植被覆盖度作为参数构建了景观生态安全评价模型，利用空间自相关和地统计学分析了景观生态安全性的时空特征；选取社会、经济和生态环境数据，基于 DPSIR 框架模型构建区域综合生态安全评价指标体系，构建熵权物元评价模型研究各评价指标及区域综合生态安全等级及形成原因，构建综合指数模型研究 DPSIR 分类指标的相互作用，利用时间预测法对区域综合生态安全趋势进行预测；构建区域综合生态安全障碍模型，研究影响生态安全的主要障碍因素及其作用机制，为元谋干热河谷区域生态风险防范及生态环境保护提供理论依据。本研究的主要结论如下：

（1）土地类型以草地、林地和耕地为主，三种地类在 2008 年和 2016 年两个时期占研究区面积比例在 90%以上，反映了元谋以农业为主的产业结构。林地面积增加幅度最大，草地面积减小幅度最大，耕地略有增长。耕地、林地和建设用地呈增长趋势，草地、未利用地和水域呈减少趋势。元谋土地利用结构变化一方面反映了农业经济发展、城市扩张及人口增长导致的耕地增长和建设用地的扩张态势，另一方面也反映了水土保持综合治理和退耕还林工作的成效对林地恢复的作用。

（2）研究区各种土地利用类型的转化状况不尽相同。草地向林地和耕地转出面积远超过其逆向过程，两者占据了 95%以上的草地转出用地。建设用地和水域由于其自身的特点，其变化不及其他地类复杂。未利用地虽然比例小，但是变化较为频繁，反映了土地类型对区域空间资源竞争十分激烈。

（3）研究区土地利用程度有所提高。2016 年元谋的土地利用率、土地的垦殖率、土地建设利用率均有小幅增长，林草覆盖率略有降低。2008～2016 年草地的土地利用程度综合指数降幅较大，而林地、耕地、建设用地的综合指数都趋于增加。林地、耕地和建设用地的土地利用状态指数值上升，这些地类处于“增长”状态，以由其他类型转入为主。建设用地的土地利用状态指数值非常接近于 1，该类型转入态势明显。草地、未利用地和水域的土地利用状态指数值下降，这些地类处于“减少”状态，以向其他类型转出为主。未利用地的土地利用状态指数值较接近于-1，该类型转化为其他地类的态势明显。

(4) 景观破碎化程度加深，景观格局更趋于复杂。元谋景观斑块数目较明显增多、斑块平均斑块面积减小，景观多样性指数上升，各种景观类型面积差异缩小，而复杂程度增加。景观优势度指数小幅下降，优势景观面积的下降，其他非优势景观的增加。景观均匀度略有下降，景观斑块的空间分布趋于均匀化，斑块的聚集状况有所降低，不同的景观类型在空间上的竞争激烈。景观的破碎化指数小幅上升，景观破碎化程度加深。

(5) 研究区植被覆盖度的空间格局与地势走向表现出一致性，以龙川江和金沙江河谷为界表现出东高西低，以金沙江为界南高北低，自河谷坝区向中高山呈现中低—低—中—中高的整体空间格局，且植被覆盖度空间地带差异性明显。五个年份植被覆盖度的均值均在 0.5 左右，植被覆盖度均值偏低。植被覆盖度年际间的变化总体幅度不大，正向变化区域面积略大于负向变化面积，但负向显著性变化区域面积大于正向显著性变化区域面积。干热河谷对高程引起的降水差异十分敏感，干旱年份降水的显著不足使高程导致的水分和蒸发的差异性对植被覆盖度作用力更为明显。强烈的人为干扰使高程因素对植被覆盖度的提升作用明显降低。

(6) 研究区各种土地利用类型的生态系统服务静态价值有较大差异。水域和林地的单位面积生态系统服务静态价值最高，未利用地单位面积生态系统服务静态价值最小，建设用地具有负向价值，是元谋生态系统的主要障碍类型。2008～2016 年元谋的生态系统服务静态价值略有提升。生态系统静态服务价值中占比重最大的是林地，其次为草地、耕地、水体、未利用地，建设用地对生态系统静态服务价值的障碍作用最大。元谋生态系统服务动态价值远小于同期生态系统服务静态价值，表明人们对生态系统服务价值的支付能力和支付意愿较低，导致生态系统服务动态价值总体偏低。但生态系统服务动态价值变化率大，表明人们的生态环境支付能力和生态环境意识显著提升。

(7) 景观生态安全处于临界安全范围，总体格局并未发生明显变化。景观生态安全格局指数（LESP）、景观生态质量指数（LEQ）及景观生态安全度值（LESD）都处于临界安全状态，处于临界生态安全的区域面积占多数。元谋景观生态安全度在整体空间上存在正相关关系。2008 年和 2016 年的整体景观生态安全格局有一定差异性，但总体格局并未发生明显变化，呈现从东到西，从北到南逐步升高的格局，景观生态安全的整体格局保持较为稳定的态势，自然因素对区域景观生态安全具有控制作用。元谋 2008 年和 2016 年景观生态安全度局域自相关格局较为一致，以高值-高值和低值-低值区域为主，高值-高值区聚集在东部和南部的中高山中，低值-低值聚集区主要分布在北部山区和西部山区干热河谷区和中低山区。2016 年低值-低值聚居区在金沙江沿岸坝周低山及中低山区分割明显，正是该区域景观破碎化的反映。非结构性因素对元谋景观生态安全空间分布影响效应增强。

(9) 综合生态安全级别持续上升，但后期动力不足，各阶段主要障碍因素发生变化。研究区经历了向“极不安全”—“较不安全”—“临界安全”—“较为安全”四个转化阶段，生态安全级别持续提升，但仍然没有真正进入“较安全”级别。虽然生态安全综合指数将在未来五年内呈现缓慢增长态势，但综合生态安全将在较长时间内处于向“较安全”转化状态。2005～2015 年，综合生态安全的主要障碍因素类型发生变化，大致可以分为三个阶段：2005～2008 年，综合生态安全主要障碍因素类型为经济发展水平；2009～2011 年，耕地质量和农业生产条件逐渐成为主要障碍类型，经济因素退居其次；2012～2015 年，人口因素逐渐成为主要障碍类型，耕地质量成为其次。

第二节　研究创新点

(1) 利用熵权物元模型和综合指数法量化了干热河谷综合生态安全等级，揭示了综合生态安全状况变化特征，以时间序列法预测了综合生态安全的发展趋势，并利用障碍度模型明确了综合生态安全的评价指标的障碍度，揭示了生态安全障碍形成机制，实现了干热河谷生态安全研究的方法创新，填补了干热河谷综合生态安全量化研究的空白。

(2) 基于景观格局指数、生态系统服务价值和植被覆盖度建立了景观生态安全模型，利用空间自相关、空间趋势面和地统计学研究了景观生态安全的时空异质性，实现了干热河谷景观生态安全研究方法创新，填补了干热河谷景观生态安全研究的空白。

(3) 目前的干热河谷植被覆盖度研究仅限于植被指数分布特征分析，没有开展植被覆盖度评估及其特征研究。本研究利用网格时序法和标准差法研究了干热河谷植被覆盖度的时空异质性，并利用 GWR 模型探讨了干热河谷植被覆盖度的高程因素作用的变化，填补了干热河谷在植被覆盖度时空变化和影响因素量化研究的不足。

第三节　干热河谷生态安全评价的研究趋势与展望

(1) 干热河谷景观破碎度上升，景观格局复杂化，这是干热河谷景观生态安全的主要障碍。在明确区域景观生态安全和综合生态安全状况的情况下，仍需要强化景观生态安全格局研究，深入分析关键景观生态过程和区域景观格局的关系，为构建合理的干热河谷景观生态安全格局提供科学的理论依据。

(2) 综合生态安全是自然生态环境与人类活动在不同层面上相互影响相互作用的结果。特殊的自然地理环境是元谋干热河谷生态安全原生性障碍因素，人为活动则使干热河谷的生态安全面临更为复杂形势。本研究明确了社会、经济、人口、城镇化等因素对区域生态安全的作用，但仍需强化人为干扰研究，探讨人为干扰的时空特征对干热河谷生态安全的影响及其作用机制，明确人为活动方式、强度、幅度与区域综合生态安全的关系，有助于更好的实施调控人为干预措施，促进综合区域生态安全水平的提升。

(3) 以元谋干热河谷为研究案例地，能够较好地反映金沙江干热河谷的生态安全状况、障碍因素和作用机制。但是干热河谷在中国西南地区分布范围较为广泛，各流域干热河谷的生态环境及人为活动都有一定的差异性，开展不同流域间干热河谷生态安全状况及障碍因素作用机理比较研究，能够更为深入地辨明干热河谷生态环境状况，为干热河谷生态系统的整体调节和调控提供理论依据。

参 考 文 献

蔡为民，唐华俊，吕钢，等，2006. 景观格局分析法与土地利用转换矩阵在土地利用特征研究中的应用[J]. 中国土地科学，20(1): 39-44.

蔡文, 1994. 物元模型及其应用[M]. 北京：科学技术文献出版社.

曹冯，陈松林, 2014. 县域土地利用程度及其空间自相关探析——以福建省德化县为例[J]. 福建师范大学学报（自然科学版），30(3): 119-126.

曹琦，陈兴鹏，师满江，等, 2014. 黑河中游土地利用/覆盖变化及主导因素驱动力[J]. 农业工程学报, 30(5): 220-227.

曾丽云，韦素琼, 2011. 基于景观格局的福州 LUCC 与生态安全响应[[J]. 福建师范大学学报(自然科学版), 27(4): 138-142.

柴宗新，范建容，刘淑珍, 2001. 金沙江下游元谋盆地冲沟发育特征和过程分析[[J]. 地理科学, 21(4)：339-343.

常婷婷，姜世中，彭文甫, 2015. 基于熵权物元模型的四川省土地生态安全评价[J]. 中国农学通报，31(26): 122-127.

常学礼，邬建国, 1996. 分形模型在生态学研究中的应用[J]. 生态学杂志，15(3): 35-42.

陈安宁, 2014. 空间计量学入门与 GeoDa 软件应用[M]. 杭州：浙江大学出版社.

陈利顶，刘洋，吕一河，等, 2008. 景观生态学中的格局分析：现状、困境与未来[J]. 生态学报, 28(11)：5521-5531.

陈利顶，王军，傅伯杰, 2001. 我国西南干热河谷脆弱生态区可持续发展战略[J]. 中国软科学, (6): 95-98.

陈美球，赵宝苹，罗志军，等, 2013. 等. 基于RS与GIS的赣江上游流域生态系统服务价值变化[J]. 生态学报, 3(9): 2761-2767.

陈星，周成虎, 2005. 生态安全：国内外研究综述[J]. 地理科学进展, 24(6): 8-20.

崔天翔，宫兆宁，赵文吉，等，2013. 不同端元模型下湿地植被覆盖度的提取方法——以北京市野鸭湖湿地自然保护区为例[J]. 生态学报, 33(4): 1160-1171.

邓青春，张斌，罗君，等, 2014. 元谋干热河谷潜蚀地貌的类型及形成条件[[J]. 干旱区资源与环境, 28(8): 138-144.

邓舒洪, 2012. 区域土地利用变化与生态系统服务价值动态变化研究[D]. 杭州：浙江大学.

第宝锋，杨忠，艾南山，等, 2005. 基于 RS 与 GIS 的金沙江干热河谷区退化生态系统评价——以云南省元谋县为例[J]. 地理科学, 25(4): 484-490.

杜金龙, 2010. 土地利用变化及其对生态系统服务价值影响研究[D]. 武汉：华中农业大学.

杜自强，王建，陈志华，等，2006. 黑河中上游典型地区草地植被变化及其生态功能损失分析[J]. 西北植物学报，26(4): 0798-0804.

方创琳，张小雷, 2001. 干旱区生态重建与经济可持续发展研究[J]. 生态学报, 21(7): 123-127.

方海东，段昌群，纪中华，等，2008. 金沙江干热河谷自然恢复区植物种群生态位特征[J]. 武汉大学学报(理学版)，54(2): 177-182.

方精云，柯金虎，唐志尧，等, 2001. 生物生产力的“4P”概念、估算及其相互关系[J]. 植物生态学报, 25(4): 414-419.

冯永玖，刘艳，周茜，等, 2013. 景观格局破碎化的粒度特征及其变异的分形定量研究[J]. 生态环境学报, 22(3): 443-450.

付春雷，宋国利，鄂勇, 2009. 马尔科夫模型下的乐清湾湿地景观变化分析[J]. 东北林业大学学报, 37(9): 117-119.

高文学，王志和，周庆宏，等, 2005. 金沙江干热河谷稀树灌草丛植被恢复方式研究[J]. 林业调查规划, 30(3): 87-91.

高杨，黄华梅，吴志峰, 2010. 基于投影寻踪的珠江三角洲景观生态安全评价[J]. 生态学报, 30(21): 5894-5903.

巩杰，谢余初，赵彩霞，等, 2014. 甘肃白龙江流域景观生态风险评价及其时空分异[J]. 中国环境科学, 34(81): 2153-2160.

何东进, 洪伟, 胡海清, 等, 2004. 武夷山风景名胜区景观生态评价[J]. 应用与环境生物学报, 10(6): 729-734.

谷建立, 张海涛, 陈家赢, 等, 2012. 基于DEM的县域土地利用空间自相关格局分析[J]. 农业工程学报, 28(23): 216-224.

郭泺, 薛达元, 余世孝, 2008. 泰山景观生态安全动态分析与评价[[J]. 山地学报, 26(3): 331-338.

郭明, 肖笃宁, 李新, 2006. 黑河流域酒泉绿洲景观生态安全格局分析[[J]. 生态学报, 26(2): 457-466.

何丹, 金凤君, 周璟, 2011. 基于Logistic-CA-Markov的土地利用景观格局变化——以京津冀都市圈为例[J]. 地理科学, 31(8): 903-910.

何锦峰, 苏春江, 舒兰等, 2009. 基于3S技术的金沙江干热河谷区LUCC研究——以云南省元谋县为例[J]. 山地学报, 27(3): 341-348.

何慧娟, 卓静, 王娟, 等, 2016. 陕西省退耕还林植被覆盖度与湿润指数的变化关系[J]. 生态学报, 36(2): 439-447.

何永彬, 卢培泽, 朱彤, 2000. 横断山—云南高原干热河谷形成原因研究[J]. 资源科学, 22(5): 69-72.

何毓蓉, 沈南, 王艳强, 等, 2008. 金沙江干热河谷元谋强侵蚀区土壤裂隙形成与侵蚀机制[J]. 水土保持学报, 22(1): 33-36.

贺一梅, 杨子生, 李云辉, 等, 2004. 中国土地资源态势与持续利用研究[M]. 昆明: 云南科技出版社.

胡检丽, 2013. 龙川江流域的景观格局变化及其驱动力分析[J]. 昆明理工大学学报（自然科学版）, 38(6): 32-35.

胡玉福, 蒋双龙, 刘宇, 等, 2014. 基于RS的安宁河上游植被覆盖时空变化研究[J]. 农业机械学报, 45(5): 205-215.

黄木易, 岳文泽, 杜娟, 2012. 杭州市区土地利用景观格局演变及驱动力分析[J]. 土壤, 44(2): 326-331.

纪中华, 黄兴奇, 2007. 干热河谷生态恢复研究[M]. 昆明: 云南科学技术出版社.

江功武, 朱红业, 钱坤建, 等, 2006. 人类活动对元谋干热河谷景观变化的主要影响[J]. 西南农业学报, 19（增刊）: 320-322.

江晓波, 孙燕, 周万村, 等, 2003. 基于遥感与GIS的土地利用动态度变化研究[J]. 长江流域资源与环境, 12(2): 130-135.

角媛梅, 肖笃宁, 马明国, 等, 2003. 河西走廊典型绿洲景观格局比较研究——以张掖、临泽、高台、酒泉为例[J]. 干旱区研究, 20(2): 81-85.

金振洲, 1999. 云南元江干热河谷半萨王纳植被的植物群落学研究[J]. 广西植物, 19(4): 289-302.

金振洲, 欧晓昆, 周跃, 1987. 云南元谋干热河谷植被概况[J]. 植物生态学与地植物学学报, 11(4): 308-317.

赖瑾瑾, 刘雪华, 靳强, 2008. 顺义地区生态系统服务功能价值的时空变化[J]. 清华大学学报: 自然科学版, 48(9): 1466-1471.

雷国平, 代路, 宋戈, 2009. 黑龙江省典型黑土区土壤生态环境质量评价[J]. 农业工程学报, 25(7): 243-248.

李彬, 唐国勇, 李昆, 等, 2013. 元谋干热河谷 20 年生人工恢复植被生物量分配与空间结构特征[J]. 应用生态学报, 24(6): 1479-1486.

李昆, 刘方炎, 杨振寅, 等, 2011. 中国西南干热河谷植被恢复研究现状与发展趋势[J]. 世界林业研究, 24(4): 55-60.

李进鹏, 王飞, 穆兴民, 等, 2010. 延河流域土地利用变化对其生态服务价值的影响[J]. 水土保持研究, 17(3): 110-114.

李晶, 蒙吉军, 毛熙彦, 2013. 基于最小累积阻力模型的农牧交错带土地利用生态安全格局构建——以鄂尔多斯市准格尔旗为例[J]. 北京大学学报(自然科学版), 49(4): 707-715.

李偲, 李晓东, 海米提•依米提, 2011. 喀纳斯自然保护区生态系统服务价值变化研究[J]. 中国人口. 资源与环境, 21(11): 146-152.

李小娟, 刘晓萌, 胡德勇, 等, 2008. ENVI遥感影像处理教程[M]. 北京: 中国环境科学出版社.

李晓赛, 朱永明, 赵丽, 等, 2015. 基于价值系数动态调整的青龙县生态系统服务价值变化研究[J]. 中国生态农业学报, 23(3): 373-381.

李晓燕, 张树文, 2005. 基于景观结构的吉林西部生态安全动态分析[J]. 干旱区研究, 22(1): 57-62.

黎巍, 曾和平, 陈桂荣, 等, 2009. 基于 ASTER 影像数据源的龙川江 LUCC 景观格局特点分析[J]. 贵州农业科学, 37(8): 162-165.

李屹峰，罗跃初，刘纲，等，2013．土地利用变化对生态系统服务功能的影响-以密云水库流域为例[J]．生态学报，33(3)：0726-0736．

李月臣，2008．中国北方 13 省市区生态安全动态变化分析[J]．地理研究，27(5)：1150-1161．

刘刚才，纪中华，方海东，等，2011．干热河谷退化生态系统典型恢复模式的生态响应与评价[M]．北京：科学出版社．

刘欢，张荣群，郝晋民，等，2012．基于半方差函数的银川平原土地利用强度图谱分析[J]．农业工程学报，28(23)：225-231．

刘纪根，张平仓，柴仲平，等，2007．云南元谋典型图幅土地利用动态变化研究[J]．人民长江，38(6)：2-5．

刘军会，高吉喜，王文杰，2013．青藏高原植被覆盖变化及其与气候变化的关系[J]．山地学报，31(2)：234-242．

刘淑珍，范建容，刘刚才，2002．金沙江干热河谷土地荒漠化评价指标体系研究[J]中国沙漠，22(1)：48-51．

刘小波，秦天彬，周宝同，等，2016．基于改进 SPA 的乐山市耕地生态安全评价[J]．西南师范大学学报(自然科学版)，41(3)：147-153．

刘勇生，洪滔，何东进，等，2006．武夷山风景名胜区生态安全分析[J]．安全与环境学报，6(6)：78-81．

刘祖涵，2010•基于 RS 和 GIS 的元谋干热河谷植被指数的地理分布特征[A]．Proceedings of 2010 International Conferenceon Management Scienceand Engineering(MSE2010)，5：180-184．

刘正恩，孙双印，2010．河北省怀来县土地利用程度及其区域差异分析[J]．干旱区资源与环境，24(11)：125-128．

罗文斌，吴次芳，汪友洁，等，2008．基于物元分析的城市土地生态水平评价：以浙江省杭州市为例[J]．中国土地科学，22(12)：31-38．

马姜明，李昆，张昌顺，2006．元谋干热河谷苏门答腊金合欢、新银合欢人工林天然更新初步研究[J]．应用生态学报，17(8)：1365-1369．

马克明，傅伯杰，黎晓亚，等，2004．区域生态安全格局：概念与理论基础[J]．生态学，24(4)：761-768．

马克明，傅伯杰，2000．北京东灵山地区景观格局及破碎化评价[J]．植物生态学报，24(3)：320-326．

毛雨景，赵志芳，吴文春，等．2013．云南省水蚀荒漠化遥感调查及成因分析[J]．国土资源遥感，25(1)：123-129．

穆少杰，李建龙，陈奕兆，等，2012，2001—2010 年内蒙古植被覆盖度时空变化特征[J]．地理学报，67(9)：1255-1268．

明庆忠，史正涛，2007．三江并流区干热河谷成因新探析[J]．中国沙漠，27(1)：99-104．

欧晓昆，1987．元谋干热河谷的自然生态特点及开发利用意见[J]．西部林业科学，5：17-19．

欧晓昆，1988．元谋干热河谷植物区系研究[J]．云南植物研究，(10)：7-8．

欧朝蓉，朱清科，孙永玉，2016．人为干扰对我国西南干热河谷景观的影响[J]．世界林业研究，29(5)：65-70．

欧朝蓉，朱清科，孙永玉，2015．西南干热河谷景观格局研究进展[J]．西部林业科学，(6)：137-142．

欧朝蓉，朱清科，包广静，2016．滇中县域人口城镇化空间结构及影响因素研究[J]．农业现代化研究，(06)：1173-1180．

潘竟虎，苏有才，黄永生，等，2012．近 30 年玉门市土地利用与景观格局变化及其驱动力[J]．地理研究，31(9)：1631-1639．

起树华，王建彬，2007．元谋干热河谷气候生态环境变化的初步分析[J]．气象研究与应用，28，增刊(II)：126-127．

邱炳文，王钦敏，陈崇成，等，2007．福建省土地利用多尺度空间自相关分析[J]．自然资源学报，22(2)：311-319．

荣子容，马安青，王志凯，等，2012．基于Logistic的辽河口湿地景观格局变化驱动力分析[J]．环境科学与技术，35(6)：193-198．

邵一希，李满春，陈振杰等，2010．地理加权回归在区域土地利用格局模拟中的应用—以常州市孟河镇为例[J]．地理科学，30(1)：92-97．

史凯，张斌，艾南山，等，元谋干热河谷近 50a 降水量时间序列的 DFA 分析[J]．山地学报，2008，26(5)：553-559．

苏海民，何爱霞，2010．基于 RS 和地统计学的福州市土地利用分析[J]．自然资源学报，25(1)：91-99．

粟晓玲，康邵忠，佟玲，2006．内陆河流域生态系统服务价值的动态估算方法[J]．生态学报，26(6)：2011-2014．

孙翔，朱晓东，李杨帆，2008．港湾快速城市化地区景观生态安全评价——以厦门市为例[J]．生态学报，28(8)：3563-3573．

孙原, 2014. 天津市静海县土地利用景观格局变化及其生态安全研究[D]. 天津：天津师范大学.

孙长安, 2008. 香溪河流域土地利用与水土流失的关系研究[D]. 北京：北京林业大学博士.

唐婷, 李超, 吕坤, 等, 2012. 区域植被覆盖度和水土流失量的时空变异研究——以江苏省为例[J]. 中国农业资源与区划, 33(4): 17-24.

唐秀美, 陈百明, 路庆斌, 等, 2010. 生态系统服务价值的生态区位修正方法——以北京市为例[J]. 生态学报, 30(13): 3526–3535.

唐秀美, 潘瑜春, 程晋南, 等. 2015. 高标准基本农田建设对耕地生态系统服务价值的影响[J]. 生态学报, 35(24): 8009-8015.

田锋, 凌琳, 黄林, 等, 2014. 人工干扰下的小流域土地利用景观格局变化研究——以信丰县崇墩沟小流域为例[J]. 国土资源与自然资源研究, 2: 24-26.

田锡文, 王新军, K. G. 卡迪罗夫, 等, 2014. 近40a凯拉库姆库区土地利用/覆盖变化及景观格局分析[J]. 农业工程学报, 30(6): 232-241.

王洪, 孔祥周, 李易, 等, 2014. 金沙江干热河谷地区坡地水土流失直接经济损失评估[J]. 四川农业大学学报, 32(1): 103-106.

王娟, 崔保山, 姚华荣, 等, 2008. 纵向岭谷区澜沧江流域景观生态安全时空分异特征[J]. 28(4): 1681-1690.

王力宾, 2010. 多元统计分析: 模型、案例及 SPSS 应用[M]. 北京：经济科学出版社.

王亮, 2007. 崇明岛景观生态安全格局分析[J]. 国土与自然资源研究, (2): 54-55.

王明舒, 朱明, 2012. 利用云模型评价开发区的土地集约利用状况[J]. 农业工程学报, 28(10): 247—252.

王鹏, 况福民, 邓育武, 等, 2015. 基于主成分分析的衡阳市土地生态安全评价[J]. 经济地理, (1): 124-128.

王千, 金晓斌, 周寅康, 2011. 江苏沿海地区耕地景观生态安全格局变化与驱动机制[J]. 生态学报, 31 (20) : 5903-5090.

王媛媛, 周忠发, 魏小岛, 2013. 石漠化景观格局对土地利用时空演变的响应[J]. 山地学报, 31(3): 307-313.

韦玉春, 汤国安, 杨昕, 等, 2007. 遥感图像处理教程[M]. 北京: 科学出版社.

邬建国, 2000. 景观生态学: 格局、过程、尺度与等级[M]. 北京: 高等教育出版社.

吴开亚, 张礼兵, 金菊良, 等, 2007. 基于属性识别模型的巢湖流域生态安全评价[J]. 生态学杂志, 26(5): 759-764.

吴莉, 侯西勇, 徐新良, 等, 2013. 山东沿海地区土地利用和景观格局变化[J]. 农业工程学报, 29(5): 207-216.

吴云飞, 2014. 金沙江干热河谷区水土流失成因及防治对策[J]. 山西水土保持科技, (2): 4-7.

肖笃宁, 李秀珍, 高峻, 等, 2003. 景观生态学[M]. 北京: 科学出版社.

肖玉, 谢高地, 安凯, 2003. 莽措湖流域生态系统服务功能经济价值变化研究[J]. 应用生态学报, 14(5): 676–680.

谢高地, 鲁春霞, 冷允法, 等. 2003. 青藏高原生态资产的价值评估[J]. 自然资源学报, 18(2): 189-196.

谢花林, 2008. 典型农牧交错区土地利用变化驱动力分析[J]. 农业工程学报, 24(10): 56-62.

谢家丽, 宋翔, 颜长珍, 2012. 人类干扰对若尔盖高原景观格局变化影响的遥感分析[J]. 北京联合大学学报, 26(3): 16-20.

徐立, 2009. 土地利用变化对长沙市生态系统服务价值的影响研究[D]. 长沙: 湖南大学.

徐小明, 杜自强, 张红, 2016. 晋北地区 1986-2010 年土地利用/覆被变化的驱动力[J]. 中国环境科学, 36(7): 2154-2161.

许联劳, 王克林, 刘新平, 等, 2006. 洞庭湖区农业生态安全评价[J]. 水土保持学报, 20(2): 183-187.

许再富, 陶国达, 禹平华, 等, 1985. 元江干热河谷山地近五百年来植被变迁探讨[J]. 云南植物研究, 7(4): 403-411.

薛达元, 余世孝, 蔡亮, 2008. 泰山景观生态安全动态分析与评价[J]. 山地学报, 26(3): 331-338.

薛剑, 郧文聚, 杜国明, 等, 2012. 基于遥感的现代与传统农业区域土地利用格局差异分析[J]. 农业工程学报, 28(24): 245-51.

杨国靖, 肖笃宁, 2004. 中祁连山浅山区山地森林景观空间格局分析[J]. 应用生态学报, 15(2): 269-272.

杨奇勇, 蒋忠诚, 马祖陆, 等, 2012. 基于地统计学和遥感的岩溶区石漠化空间变异特征[J]. 农业工程报, 28(4): 243-247.

杨强, 王婷婷, 陈昊, 等. 2015. 基于 MODISEVI 数据的锡林郭勒盟植被覆盖度变化特征[J]. 农业工程学报, 31(22): 191-198.

杨叶涛, 王迎迎, 曾又枝, 2014. 基于面向对象的高分遥感景观格局提取方法[J]. 国土资源遥感, 26(4): 46-50.
杨勇, 任志远, 2013. 土地利用影响因素的微观分析以关中地区为例[J]. 陕西师范大学学报(自然科学版), 41(5): 98-108.
杨子生, 贺一梅, 李云辉, 等, 2004. 近 40 年来金沙江南岸干热河谷区的土地利用变化及其土壤侵蚀治理研究——以云南宾川县为例[J]. 地理科学进展, 23(2): 16-26.
尹锴, 赵千钧, 文美平, 等, 2014. 海岛型城市森林景观格局效应及其生态系统服务评估[J]. 国土资源遥感, 26(2): 128-133.
游巍斌, 何东进, 巫丽芸, 等, 2011. 武夷山风景名胜区景观生态安全度时空分异规律[J]. 生态学报, 31(21): 6317-6327.
游巍斌, 何东进, 洪伟, 等, 2014. 基于景观安全格局的武夷山风景名胜区旅游干扰敏感区判识与保护[J]. 山地学报, 32(2): 195-204.
余健, 房莉, 仓定帮, 2012. 熵权模糊物元模型在土地生态安全评价中的应用[J]. 农业工程学报, 28(5): 260-266.
于蓉蓉, 谢文霞, 赵全升, 等, 2012. 基于景观格局的胶州湾大沽河口湿地生态安全[J]. 生态学杂志, 31(11): 2891-2899.
于潇, 吴克宁, 郧文聚, 等, 2016. 三江平原现代农业区景观生态安全时空分异分析[J]. 农业工程学报, 32(8): 253-259.
虞继进, 陈雪玲, 陈绍杰, 2013. 基于遥感和 PSR 模型的城市景观生态安全评价——以福建省龙岩市为例[J]. 国土资源遥感, 25(1): 143-149.
喻锋, 李晓兵, 王宏, 等, 2006. 皇甫川流域土地利用变化与生态安全评价[J]. 地理学报, 61(6): 645-653.
袁满, 刘耀林, 2014. 基于多智能体遗传算法的土地利用优化配置[J]. 农业工程学报, 30(1): 191-199.
元谋县志编纂委员会, 1993. 元谋县志[M]. 昆明: 云南人民出版社.
元谋县统计局政府信息公开网站. 元谋县 2014 年国民经济和社会发展统计公报[EB/OL].
http: //xxgk. yn. gov. cn/Z_M_003/Info_Detail. aspx?DocumentKeyID=CCD4BE3E69D842A0A35EA704CE489DBC, 2015-03-17.
岳东霞, 杜摇军, 巩摇杰, 等, 2011. 民勤绿洲农田生态系统服务价值变化及其影响因子的回归分析[J]. 生态学报, 31(9): 2567-2575.
张凤太, 王腊春, 苏维词, 2016. 基于物元分析—DPSIR 概念模型的重庆土地生态安全评价[J]. 中国环境科学, 36(10): 3126-3134.
张海霞, 牛叔文, 齐敬辉, 等, 2016. 基于乡镇尺度的河南省人口分布的地统计学分析[J]. 地理研究, 35(2): 325-336.
张建平, 王道杰, 王玉宽, 等, 2000. 元谋干热河谷生态环境变迁探讨[J]. 地理科学, 20(2): 148-152.
张建平, 2000. 元谋干热河谷区土地荒漠化特征[J]. 云南地理环境研究, 12(1): 1-8.
张建平, 1997. 元谋干热河谷土地荒漠化的人为影响[J]. 山地研究, 15(1): 53-56.
张金萍, 张静, 孙素艳, 2006. 灰色关联分析在绿洲生态稳定性评价中的应用[J]. 资源科学, 28(4): 195-201.
张军以, 苏维词, 张凤太, 2011. 基于 PSR 模型的三峡库区生态经济区土地生态安全评价[J]. 中国环境科学, 31(6): 1039-1044.
张荣祖, 1996. 横断山区干旱河谷[M]. 北京: 科学出版社.
张锐, 刘友兆, 2013. 我国耕地生态安全评价及障碍因子诊断[J]. 长江流域资源与环境, 22(7): 944-950.
张世文, 宁汇荣, 许大亮, 等, 2016. 草原区露天煤矿植被覆盖度时空演变与驱动因素分析[J]. 农业工程学报, 32(17): 233-239.
张喜旺, 吴炳方, 2015. 基于中高分辨率遥感的植被覆盖度时相变换方法[J]. 生态学报, 35(4): 1155-1164.
张晓楠, 宋宏利, 李振杰, 2012. 基于地统计学的区域生态服务价值空间分异规律研究[J]. 水土保持研究, 19(6): 168-172.
张绪良, 张朝晖, 徐宗军, 等, 2012. 胶州湾滨海湿地的景观格局变化及环境效应[J]. 地质论评, 58(1): 190-200.
张雅昕, 刘娅, 朱文博, 等, 2016. 基于 Meta 回归模型的土地利用类型生态系统服务价值核算与转移[J]. 北京大学学报(自然科学版), 52(3): 493-504.
张杨, 严金明, 江平, 等, 2013. 基于正态云模型的湖北省土地资源生态安全评价[J]. 农业工程学报, 29(22): 252-258.
张一平, 段泽新, 窦军霞, 2005. 岷江上游干暖河谷与元江干热河谷的气候特征比较研究[J]. 长江流域资源与环境, 14(1):

76-82.

张云霞, 李晓兵, 陈云浩, 2003. 草地植被覆盖度的多尺度遥感与实地测量方法综述[J]. 地球科学进展, 18(1): 85-93.

张振明, 刘俊国, 2011. 生态系统服务价值研究进展[J]. 环境科学学报, 31(9): 1835-1842.

赵俊臣, 1992. 干热河谷经济学初探[M]. 北京: 中国经济出版社.

赵琳, 郎南军, 郑科, 等, 2009. 云南干热河谷退化生态系统植被恢复影响因子的特征分析[J]. 西部林业科学, 38(3): 39-44.

赵阳, 余新晓, 贾剑波, 等, 2013. 红门川流域土地利用景观动态演变及驱动力分析[J]. 农业工程学报, 29(9): 239-248.

钟祥浩, 2000. 干热河谷区生态系统退化及恢复与重建途径[J]. 长江流域资源与环境, 9(3): 377-384.

周从斌, 范建容, 2002. 金沙江干热河谷土地荒漠化的植被指标分析[J]. 云南地理环境研究, 14(1): 80-84.

周红艺, 熊东红, 杨忠, 2008. 元谋干热河谷土地利用变化对生态系统服务价值的影响[J]. 山地学报, 24(3): 135-138.

周旭, 张斌, 刘刚才, 2010. 元谋干热河谷近 30 年植被变化遥感监测[J]. 长江流域资源与环境, 19(11): 1309-1313.

庄大方, 刘纪远, 1997. 中国土地利用程度的区域分异模型[J]. 自然资源学报, 12(2): 105-111.

宗跃光, 陈红春, 郭瑞华, 等, 2000. 地域生态系统服务功能的价值结构分析—以宁夏灵武市为例[J]. 地理研究, 19(2): 148-155.

retanoR, Semeraro T, Petrosillo I,et al., 2015. Mapping ecological vulnerability to fire for effective conservation management of natural protected areas[J]. Ecological Modelling, 295:163-175.

Bark R, Macdonald D H, 2013.Impacts on human welfare, natural and built capital and subsequent marginal changes in the value of ecosystem service outcomes[J]. European Journal of Organic Chemistry, 152:321-356.

Barral M P, enayas J M, Meli P, et al., 2015. Quantifying the impacts of ecological restoration on biodiversity and ecosystem services in agroecosystems: A global meta-analysis[J]. Agriculture Ecosystems & Environment, 202:223-231.

Beesley K B, Ramsey D, 2009. Agricultural land preservation[J].International Encyclopedia of Human Geography, 25(6):65-69.

BoumansR, Costanza R, Farley J, et al., 2002.Modeling the dynamics of the integrated earth system and the value of global ecosystem services using the GUMBO model[J].Ecological Economics, 41(3):529-560.

CaoW, Zhou S L, Wu S H, 2015. Land-use regionalization based on landscape pattern indices using rough set theory and catastrophe progression method[J]. Environmental Earth Sciences, 73(4):1611-1620.

Caracciolo D, Istanbulluoglu E, Noto LV, et al., 2016. Mechanisms of shrub encroachment into Northern Chihuahuan Desert grasslands and impacts of climate change investigated using a cellular automata model[J]. Advances in Water Resources, 91:46-62.

Cen X T, Wu C F, Xing X S, 2015. Coupling intensive land use and landscape ecological security for urban sustainability: an integrated socioeconomic data and spatial metrics analysis in Hanzhou city[J]. Sustainability, 7(2):1459-1482.

Chee Y. 2004.An ecological perspective on the valuation of ecosystem services[J]. Biological Conservation,120:549-565.

Chen X W, Dai E F, 2011. Comparison of spatial autoregressive models on multi-scale land use [J]. Transactions of the CSAE, 27(6): 324-331.

Cheng J Z, Lee X Q, Benny K G, et al., 2015. Biomass accumulation and carbon sequestration in an age-sequence of Zanthoxylum bungeanum plantations under the grain for green program in karst regions, Guizhou province[J]. Agricultural & Forest Meteorology, 203(1):88-95.

Costanza R, Dargre R, De Groot R, et al., 1997.The value of the world' s ecosystem services and natural capital[J]. Nature, 387(6630):253-260.

Costanza R, Farber S, 2002. Introduction to the special issue on the dynamics and value of ecosystem services: integrating economic and ecological perspectives ecological[J]. Economics, 41 (3) :367-373.

Čuček L, Klemeš J J, Varbanov P S, et al., 2015. Significance of environmental footprints for evaluating sustainability and security of development[J]. Clean Technologies and Environmental Policy, 17 (8) :1-17.

Cui Q, Wang X, Li C H, et al., 2015. Ecosystem service value analysis of CO_2 management based on land use change of Zoige alpine peat wetland[J]. Tibetan Plateau Ecological Engineering, 76:158-165.

Daily G C, 1997. Nature' s services:societal dependence on natural ecosystems [M]. Washington DC:Island Press.

De Groot R S, Willson M A, Boumansr M J, 2002. A typology for the classification, description and valuation of ecosystem functions,goods and services[J]. Ecological Economics, 41 (3) :393-408.

De Lange H J, Sala S, Vighi M, et al., 2010. Ecological vulnerability in risk assessment——a review and perspectives[J]. Science of The Total Environment, (408) :3871-3879.

Deng J S, Wang K, Hong Y, et al., 2009. Spatio-temporal dynamics and evolution of land use change and landscape pattern in response to rapid urbanization[J]. Landscape & Urban Planning, 92 (3-4) :187-198.

Duo A, Zhao W, Qu X, et al., 2016. Spatio-temporal variation of vegetation coverage and its response to climate change in North China plain in the last 33 years[J]. International Journal of Applied Earth Observation and Geoinformation, 3:103-117.

Dyson J S. 1997. Ecological safety of pamquat with particular reference to soil [J]. Planter, 73 (5) ： 467-478.

Fang C, Li G, Wang S, 2016. Changing and differentiated urban landscape in China: spatio-temporal patterns and driving forces[J]. Environmental Science & Technology, 50 (5) :2217-2227.

Fao Proceedings, 1997. Land quality indicators and their use in sustainable agriculture and rural development[J]. Proceedings of the Workshop Organized by the Land and Water Development Division FAO Agriculture Department, 2: 5-12.

Felip-Lucia M R, Comin F A, Bennett E M, 2014. Interactions among ecosystem services across land uses in a floodplain agro-ecosystem[J]. Ecology and Society, 19 (1) : 20.

Fischhendler I, 2015. The securitization of water discourse: theoretical foundations, research gaps and objectivesof the special issue[J]. International Environmental Agreements: Politics, Law and Economics , 15 (3) :245-255 .

Fu B, Wang Y K, Xu P, 2014. Value of ecosystem hydropower service and its impact on the payment for ecosystem services[J]. Science of the Total Environment, 472:338-346.

Gao C B, Chen X G, Wei C H, et al., 2006. Urban ecological security assessment in the Pearl river delta[J]. Environmental Science & Technology, 29 (5) :65-66.

Gardiner M M, Burkman C E, Prajzner S P, 2013.The value of urban vacant land to support arthropod biodiversity and ecosystem services[J]. Environmental Entomology, 42 (6) : 1123-1136.

GardnerR H, Milne B T, Turner M G, et al., 1987. Neutral models for the analysis of broad-scale landscape pattern[J]. Landscape Ecology, 1 (1) :19-28.

Geist H J, Lambin E F, 2002. Proximate causes and underlying driving forces of tropical deforestation[J]. Biological Science, 52 (2) :143-150.

Gitelson A A, Kaufman Y J, Stark R, et al., 2002. Novel algorithms for remote estimation of vegetation fraction[J]. Remote Sensing of Environment, 80 (1) : 76-87.

Gong W F, Yuan L, 2010. Analysis of land use and its ecosystem service value change by graphic information:a case study of Harbin section of Songhuajiang Watershed[J]. Environmental Science & Technology, 33 (8) :200-205.

GrădinaruS R, Iojă C I,Onose D A , et al., 2015. Land abandonment as a precursor of built-up development at the sprawling periphery of former socialist cities[J]. Ecological Indicators, 57:305-313.

Grêtregamey A, Bebi P , BishopI D et al., 2008. Linking GIS-based models to value ecosystem services in an Alpine region[J]. Journal of Environmental Management, 89(3):197-208.

Gu Z J, Zeng Z Y, Shi X Z, et al., 2009. Assessing factors influencing vegetation coverage calculation with remote sensing imagery[J]. International Journal of Remote Sensing, 30(10):2479-2489.

Guo M, Richter G M, Holland R A, et al., 2016. Implementing land-use and ecosystem service effects into an integrated bioenergy value chain optimisation framework[J]. Computers & Chemical Engineering, 91:392-406.

Hadian S, Madani K, 2015. A system of systems approach to energy sustainability assessment: Are all renewables really green[J]. Ecological Indicators, 52(52):194-206.

Han B L, Liu H X, Wang R S, 2015. Urban ecological security assessment for cities in the Beijing–Tianjin Hebei metropolitan region based on fuzzy and entropy methods[J]. Ecological Modelling, 318(1):217-225.

Hao R F, Yu D Y, Liu Y P, et al., 2016. Impacts of changes in climate and landscape pattern on ecosystem services[J]. Science of the Total Environment, 579:718-728.

HaskellD E, Webster C R, Flaspohler D J, et al., 2016. Relationship between carnivore distributionand landscape features in the northern highlands ecological landscape of Wisconsin[J]. American Midland Naturalist, 169(169):1-16.

Hermann A, Kuttner M, Hainz-Renetzeder C, et al., 2014. Assessment framework for landscape services in European cultural landscapes:an Austrian Hungarian case study[J]. Ecological Indicators, 37:229-240.

Ian O, Darren P, 2010. Treeline vegetation composition and change in Canada' s western Subarctic from AVHRR and canopy reflectance modeling[J]. Remote Sensing of Environment, 114(4) :805-815.

JHelliwell D R, 1969. Valuation of wildlife resources[J]. Regional Studies, 3:41-49.

JenkinsW A, Murray B C, Kramer R A, et al., 2010. Valuing ecosystem services from wetlands restoration in the Mississippi Alluvial valley[J]. Ecological Conomics, 69(5):1051-1061.

Jiang T A, Wang S Q, Xue Z D, 2005. Correlation between vegetation coverage and Zoker population quantity[J]. Bulletin of Soil & Water Conservation, (5):24-27.

Jiang Y, 2015. China' s water security:Current status, emerging challenges and future prospects[J]. Environmental Science & Policy, 54:106-125.

Jim C Y, ChenW Y, 2008. Assessing the ecosystem service of air pollutant removal by urban trees in Guangzhou (China) [J]. Journal of Environmental Management, 88(4):665-676.

Johnston R J, Russell M, 2011. An operational structure for clarity in ecosystem service values [J] . Ecological Economics, 70(12):2243-2249.

King R T, 1966. Wild life and man[J]. NY Conservationist, 20(6):8-11.

Kokutse N K, Temgoua A G, Kavazović Z, 2016. Slope stability and vegetation: Conceptual and numerical investigation of mechanical effects[J]. Ecological Engineering, 86:146-153.

Kroeger T, Casey F, 2007. An assessment of market—based approaches to providing ecosystem services on agricultural lands[J]. Ecological Economics, 64(2):321-332.

Kumar D, Katoch S S. 2015. Sustainability assessment and ranking of run of the river (ROR) hydropower projects using analytical hierarchy process (AHP): a study from Western Himalayan region of India[J]. Journal of Mountain Science, 12 (5): 1315-1333.

Kumar P, 2015. Hydrocomplexity: Addressing water security and emergent environmental risks[J]. Water Resources

Research, 51(7):5827-5838.

Lal P, 2003. Economic valuation of mangroves and decision—making in the in the Pacific[J]. Ocean & Coastal Management, 46(9-10):823-844 .

Li J C, WangWL, Hu GY, et al., 2010. Changes in ecosystem service values in Zoige Plateau, China[J]. Agriculture Ecosystems & Environment, 139(4):766-770.

Li T H, Li W K, Qian Z H, 2010. Variations in ecosystem service value in response to land use changes in Shenzhen[J]. Ecological Economics, 69(7):1427-1435.

Liu X, Zhou W, Bai Z, 2016. Vegetation coverage change and stability in large open-pit coal mine dumps in China during 1990–2015[J]. Ecological Engineering, 95:447-451.

Mamat S, Mamattursun E, Taxpolat T, 2012. The effects of land-use change on ecosystem service value of desert oasis: a case study in Ugan-Kuqa river delta oasis, China[J]. Canadian Journal of Soil Science, 93(1):99-108.

Mcneely J A, Miller K R, Reid W V, et a. 1990. Conserving the world' s biological diversity[M]. Gland:International Union for Conservation of Nature and Natural Resources.

Melathopoulos A P, Stoner A M, 2015. Critique and transformation: On the hypothetical nature of ecosystem service value and its neo-Marxist, liberal and pragmatist criticisms[J]. Ecological Economics, 173-181.

Mendoza-GonzálezG, Martínez M L, D Lithgow, et al., 2012. Land use change and its effects on thevalue of ecosystem services along the coast of the Gulf of Mexico[J]. Ecological Economics, 82(20):23-32.

Mo W B, Wang Y, Zhang Y X, et al., 2016. Impacts of road network expansion on landscape ecological risk in a megacity, China:A case study of Beijing[J]. Science of the Total Environment, 574:1000-1011.

O' NeillR V, Riitters K H, Wickham J D, et al., 2001. Landscape pattern metrics and regional assessment[J]. Ecosystem Health, 5(4):225-233.

O' NeillR V, Krummel J R, RH Gardner, et al., 1988. Indices of landscape pattern [J]. Landscape ecology, 1(3):153-162.

O' Neill RV, Hunsaker C T, Timmins SP, et al., 1996. Scale problems in reporting landscape pattern at the regional scale[J]. Landscape Ecology, 11(3):169-180.

Ou Z R, Zhu Q K, Bao G J. 2013.Study on the influence of environment vulnerability in the Northwest Yunnan[J]. Asian Agricultural research, 5(12):77-79,85.

Parmesan C, Yohe G, 2003. A globally coherent fingerprint of climate change impacts across natural systems[J]. Nature, 421(6918):37-42.

Pearce D W, 1995. Blueprint 4:Capturing global environmental value[M]. London:Earthscan.

Peterson G D, 2002. Contagious disturbance, ecological memory, and the emergence of landscape pattern[J]. Ecosystems, 5(4):329-338.

Potschin M B, HainesyoungR H, 2011. Ecosystem services[J]. Progress in Physical Geography, 35(5):575-594.

Purevdorj T S, Tateishi R,Ishiyama T, et al., 1998. Relationships between percent vegetation cover and vegetation indices[J]. International Journal of Remote Sensing, 19(18):3519-3535.

Qi J, Marsett R C, Moran M S, et al., 2000. Spatial and temporal dynamics of vegetation in the San Pedro River basin area[J]. Agricultural & Forest Meteorology, 105(1/2/3): 55-68.

Qi Y,Wu J.1996.Effects of changing spatial resolution on the results of landscape pattern analysis using spatial autocorrelation indices[J]. Landscape Ecology, 11(1):39-49.

Rasul G, Thapa G, 2003. Sustainability Analysis of Ecological and Conventional Agricultural Systems in Bangladesh[J]. World Development, 31 (6) :1721-1741.

Redford K H,Adams W M.2009.Payment for ecosystem services and the challenge of saving nature[J].Conservation Biology, 23 (23) :785-787.

RichardsonL, Keefe K,Huber C, et al . 2014.Assessing the value of the Central Everglades Planning Project (CEPP) in Everglades restoration: An ecosystem service approach[J]. Ecological Economics,107 (107) :366-377.

RobinsonD A,Fraser I, Dominati E J,et al. 2014.On the value of soil resources in the context of natural capital and ecosystem service delivery[J].Soil Science Society of America Journal, 78 (78) :685-700.

Rogers, K. S.1999. Ecological security and multinational corporation. http://www.ecsp.si. edu /ecsplib.nsf/ [EB/OL], 11.13.

Sandhu H S,Wratten S D,Cullen R,et al .2008.The future of farming: The value of ecosystem services in conventional and organic arable land[J]. An experimental approach. Ecological Economics, 64 (4) :835-848.

SmiragliaD, Ceccarelli T, Bajocco S, et al., 2015. Unraveling landscape complexity: land use/land cover changes and landscape pattern dynamics (1954-2008) in contrasting Peri-Urban and agro-forest regions of northern Italy[J]. Environmental Management, 56 (4) :1-17.

Solovjova N V, 1999. Synthesis of eco-systemic and eco-screeming modeling in solving problems of ecological safety[J]. Ecological Modeling, 124 (1) :1-10.

Storkey J, Brooks D, Haughton A, et al., 2013. Using functional traits to quantify the value of plant communitiesto invertebrate ecosystem service providers in arable landscapes[J]. Journal of Ecology, 101 (1) :38-46.

Sun B, Zhou Q M, 2016. Expressing the spatio-temporal pattern of farmland change in arid lands using landscape metrics[J]. Journal of Arid Environments, 124:118-127.

Sutton P C, Costanza Rm, 2002. Global estimates of market and non-market values derived from nighttime satellite imagery, land cover, and ecosystem service valuation[J]. Ecological Economics, 41 (3) :509-527.

Tong C, Feagin R A, Lu J, 2007. Ecosystem service values and restoration in the urban Sanyang wetland of Wenzhou, China[J]. Ecological Engineering, 29 (3) :249-258.

Turner R K, Adger W N, Brouwer R, 1998. Ecosystem services value, research needs, and policy relevance: a commentary[J]. Ecological Economics, 25 (1) :61-65.

Wallin D O, Swanson F J, Marks B, 1994. Landscape pattern response to changes in pattern generation rules land-use legacies in forestry[J]. Ecological Applications, 4 (3) :569.

Wang H, ZhouS L, Li X B, et al., 2016. The influence of climate change and human activities on ecosystem service value[J]. Ecological Engineering, 87:224-239.

Wang R S, Meng W, Jin X C, et al., 2015. Ecological security problems of the major key lakes in China[J]. Environmental Earth Sciences, 74 (5) :3825-3837.

Watersbayer A, Kristjanson P, Wettasinha C, et al. 2015. Exploring the impact of farmer-led research supported by civil society organisations[J]. Agriculture & Food Security, 4:4.

Wilson M A, Carpenter S R, 1999. Economic valuation of freshwater ecosystem services in the United States: 1971-1997[J]. Ecological Applications, 9 (3) :772-783.

Wu M, Ren X Y, Che Y, et al., 2015. A coupled SD and Clue-S model for exploring the impact of Land use change on ecosystem service value: A case study in Baoshan district, Shanghai, China[J]. EnvironmentalManagement, 56 (2) :1-18.

Xiang Y Y, Meng J J, 2016. Research into ecological suitability zoning and expansion patterns in agricultural oases based on the landscape process: a case study in the middle reaches of the Heihe river[J]. Environmental Earth Sciences, 75(20):1355.

Xin Z B, Xu J X, Zheng W, 2008. Spatiotemporal variations of vegetation cover on the Chinese Loess Plateau（1981-2006）:impacts of climate changes and human activities[J]. Science in China（Series D: Earth Sciences), 51(1) :67 -78.

YaoY H, Zhang B, Ma X, et al., 2016. Large-scale hydroelectric projects and mountain development on the Upper Yangtze river[J]. Mountain Research & Development, 26(26):109-114.

Yu K J, 1999. Landscape ecological security patterns in biological conservation[J]. Acta Ecologica Sinica, 19(1):8-15.

Yu K J,1996. Security patterns and surface model in landscape ecological planning[J]. Landscape & Urban Planning, 36(1):1-17.

Zeng X, Dickinson R E, Walker A, 2000. Derivation and evaluation of global 1-km fractional vegetation cover data for land modeling[J]. Journal of Applied Meteorology, 39(6) : 826 -839.

Zhang J S, Gao J Q, 2016. Lake ecological security assessment based on SSWSSC framework from 2005 to 2013 in an interior lake basin, China[J]. Environmental Earth Sciences, 75(10):1-11.

Zhang L Q, Shu J, 2004. A GIS-based gradient analysis of the urban landscape pattern of Shanghai metropolitan region[J]. Acta Phytoecologica Sinica, 28(1):78-85.

Zhao X Q, Xu X H, 2015. Research on landscape ecological security pattern in a eucalyptus introduced region based on biodiversity conservation[J]. Russian Journal of Ecology, 46(1): 59-70.

Zhang Z M, Gao J F, 2016. Linking landscape structures and ecosystem service value using multivariate regression analysis: a case study of the Chaohu lake basin, China[J]. Environmental Earth Sciences, 75(1):1-16.

Zhou Z X, LiJ, 2015. The correlation analysis on the landscape pattern index and hydrological processes in the Yanhe watershed, China[J]. Journal of Hydrology, 524(5):417-426.